实验性工业设计系列教材

材料与技术·木作

王菁菁　徐望霓　李孙霞　荀小翔　编著

中国建筑工业出版社

图书在版编目（CIP）数据

材料与技术·木作 / 王菁菁等编著. —北京：中国建筑工业出版社，2014.5
实验性工业设计系列教材
ISBN 978-7-112-16710-4

I. ①材… II. ①王… III. ①木制品－工业设计－教材 IV. ① TS66

中国版本图书馆 CIP 数据核字（2014）第 073225 号

本书分为七章。第一章绪论，回顾了“材料与技术（木）”课程在中国美术学院工业设计专业的发展历程，讨论了课程教学改革的三个方向，并对课程今后的发展提出了期望。第二章讲述了有关木材的基础知识，并列举了木材的最新发展案例。第三章介绍了木制品加工的基本知识，并用实例说明了制作的流程和注意事项。第四章简要梳理了有关木榫的知识和明式家具中的经典结构，同时结合实际案例探讨了将传统榫卯结构进行现代演绎的可能性。第五章介绍了有关木材弯曲的知识，同时以弯曲木为切入点讨论了材料、技术与设计之间的关系。第六章讲述了竹材的发展概况和态势，并结合实例针对竹材的文化价值和生态价值作了一定的阐述。第七章以案例分析为主提出了木制品设计的原则。

本书可作为广大工业设计专业本科生的专业教材或辅助教材；对高校工业设计相关专业教师的教学工作也具有较好的参考价值。

责任编辑：吴 绫 李东禧
责任校对：李美娜 刘梦然

实验性工业设计系列教材
材料与技术·木作
王菁菁 徐望霓 李孙霞 荀小翔 编著
*
中国建筑工业出版社出版、发行（北京西郊百万庄）
各地新华书店、建筑书店经销
北京嘉泰利德公司制版
北京画中画印刷有限公司印刷
*
开本：787×1092毫米 1/16 印张：10¼ 字数：260千字
2014年6月第一版 2014年6月第一次印刷
定价：36.00元
ISBN 978-7-112-16710-4
(25491)

“实验性工业设计系列教材”编委会

（按姓氏笔画排序）

序　一

今天，一个十岁的孩子要比我们那时（20 世纪 60 年代）懂得多得多，我认为那不是父母亲与学校教师，而是电视机与网络的功劳。今天，一个年轻人想获得知识也并非一定要进学校，家里只需有台上了网的电脑，他（她）就可以获得想获得的所有知识。

联合国教科文组织估计，到 2025 年，希望接受高等教育的人数至少要比现在多 8000 万人。假如用传统方式满足需求，需要在今后 12 年每周修建 3 所大学，容纳 4 万名学生，这是一个根本无法完成的任务。

所以，最好的解决方案在于充分发挥数字科技和互联网的潜力，因为，它们已经提供了大量的信息资源，其中大部分是免费的。在十年前，麻省理工学院将所有的教学材料都免费放到网上，开设了网络公开课。这为全球教育革命树立了开创性的示范。

尽管网上提供教育材料有很大好处，但对这一现象并不乏批评者。一些人认为：并不是所有的网络信息都是可靠的，而且即便可信信息也只是真正知识的起点；网络上的学习是“虚拟的”，无法引起学生的注目与精力；网络上的教育缺乏互动性，过于关注内容，而内容不能与知识画等号等。

这些问题也正说明传统大学依然存在的必要性，两种方式都需要。99%的适龄青年仍然选择上大学，上著名大学。

中国美术学院是全国一流的美术院校，现正向世界一流的美术院校迈进。

在 20 世纪 1928 年的 3 月 26 日，国立艺术院在杭州孤山罗苑举行隆重的开学典礼。时任国民政府教育部长的蔡元培先生发表热情洋溢的演说：“大学院在西湖设立艺术院，创造美，以后的人，都改其迷信的心，为爱美的心，借以真正完成人们的美好生活。”

由国民政府创办的中国第一所“国立艺术院”，走过了 85 年的光阴，经历了民国政府、抗日战争、解放战争、“文化大革命”与改革开放，积累了几代人的呕心历练，成就了一批中华大地的艺术精英，如林风眠、庞薰琹、赵无极、雷圭元、朱德群、邓白、吴冠中、柴非、溪小彭、罗无逸、温练昌、袁运甫……他们中间有绘画大师，有设计理论大师，有设计大师，有设计教育大师；他们不仅成就了自己，为这所学校添彩，更为这个国家培养了无数的栋梁之才。

在立校之初林风眠院长就创设了图案系（即设计系），应该是中国设立最早的设计专业吧。经历了实用美术系、工艺美术系、工业设计系……今天设计专业蓬勃发展，已有20多个系科、40多个学科方向；每年招收本科生1600人，硕士、博士生350人（一所单纯的美术院校每年在校生也能达到8000人的规模）；就读造型与设计专业的学生比例基本为3 ∶ 7；每年的新生考试基本都在6万多人次，去年竟达到了9万多人次。2012年工业设计专业100名毕业生全部就业工作。在这新的历史时期，中国美术学院院长提出：“工业设计将成为中国美术学院的发动机”。

这也说明一所名校，一所著名大学所具备的正能量，那独一无二的中国美术学院氛围和学术精神，才是学子们真正向往的。

为此，我们编著了这套设计教材，里面有学识、素养、学术，还有氛围。希望抛砖引玉，让更多的学子们能看到、领悟到中国美术学院的历练。

赵阳于之江路旁九树下

2013年1月30日

序　二　实验性的思想探索与系统性的学理建构

在互联网时代，海量化、实时化的信息与知识的传播，使得“学院”的两个重要使命越发凸显：实验性的思想探索与系统性的学理建构。本次中国美术学院与中国建筑工业出版社合作推出的“实验性工业设计系列教材”亦是基于这个学院使命的一次实验与系统呈现。

2012年12月，“第三届世界美术学院院长峰会”的主题便是“继续实验”，会议提出：学院是一个（创意）知识的实验室，是一个行进中的方案；学院不只是现实的机构，还是一个有待实现的方案，一种创造未来的承诺。我们应该在和社会的互动中继续实验，梳理当代艺术、设计、创意、文化与科技的发展状态，凸显艺术与设计教育对于知识创新、主体更新、社会革新的重要作用。

设计本身便是一种极具实验性的活动，我们常说“设计就是为了探求一个事情的真相”。对真相的理解，见仁见智。所谓真相，是针对已知存在的探索，其背后发生的设计与实验等行为，目的是为了找到已知的不合理、不正确、未解答之处，乃至指向未来的事情。这是一个对真相的思辨、汲取与认识的过程，需要多种类、多层次、多样化的思考，换一个角度说：真相正等待你去发现。

实验性也代表着一种“理想与试错”的精神和勇气。如果我们固步自封，不敢进行大胆假设、小心求证的“试错”，在教学课程与课题设计中失却一种强烈的前瞻性、实验性思考，那么在工业设计学科发展日新月异的当下，是一件蕴含落后危机的事情。

在信息时代，除了海量化、实时化，综合互动化亦是一个重要的特征。当下的用户可以直接告诉企业：我要什么、送到哪里等重要的综合性信息诉求，这使得原本基于专业细分化而生的设计学科各专业，面临越来越多的终端型任务回答要求，传统的专业及其边界正在被打破、消融乃至重新演绎。

面向中国高等院校中工业设计专业近乎千篇一律的现状，面对我们生活中的衣、食、住、行、用、玩充斥着诸如LV、麦当劳、建筑方盒子、大众、三星、迪斯尼等西方品牌与价值观强植现象，中国的设计又该何去何从？

中国美术学院的设计学科一直致力于探求一种建构中国人精神世界的设计理想，注重心、眼、图、物、境的知识实践体系，这并非说平面设计就是造“图”、工业设计与服装设计就是造“物”、综合设计就是造“境”，实质上，它是一种连续思考的设计方式，不能被简单割裂，或者说这仅代表各个专业回答问题的基本开场白。

我们不再拘泥于以“物”为区分的传统专业建构，比如汽车设计专业、服装设计专业、家具设计专业、玩具设计专业等，而是从工业设计最本质的任务出发，研究人与生活，诸如：交流、康乐、休闲、移动、识别、行为乃至公共空间等要素，面向国际舞台，建立有竞争力的工业设计学科体系。伴随当下设计目标和价值的变化，新时代的工业设计不应只是对功能问题的简单回答，更应注重对于“事”的关注，以“个性化大批量”生产为特征，以对“物”的设计为载体，最终实现人的生活过程与体验的新理想。

中国美术学院工业设计学科建设坚持文化和科技的双核心驱动理念，以传统文化与本土设计营造为本，以包豪斯与现代思想研究为源，以感性认知与科学实验互动为要，以社会服务与教学实践共生为道，建构产品与居住、产品与休闲、产品与交流、产品与移动四个专业方向。同时，以用户体验、人机工学、感性工学、设计心理学、可持续设计等作为设计科学理论基础，以美学、事理学、类型学、人类学、传统造物思想等理论为设计的社会学理论基础，从研究人的生活方式及其规划入手，开展家具、旅游、康乐、信息通信、电子电器、交通工具、生活日常用品等方面产品的改良与创新设计，以及相关领域项目的开发和系统资源整合设计。

回顾过去，本计划从提出到实施历时五年，停停行行、磕磕绊绊，殊为不易。最初开始于2007年夏天，在杭州滨江中国美术学院校区的一次教研活动；成形于2009年秋天，在杭州转塘中国美术学院象山校区的一次与南京艺术学院、同济大学、浙江大学、东华大学等院校专业联合评审会议；立项于2010年秋天，在北京中国建筑工业出版社的一次友好洽谈，由此开始进入“实验性工业设计系列教材”实质性的编写“试错”工作。事实上，这只是设计“长征”路上的一个剪影，我们一直在进行设计教学的实验，也将坚持继续以实验性的思想探索和系统性的学理建构推进中国设计理想的探索。

王昀撰于钱塘江畔

壬辰年癸丑月丁酉日（2013年1月31日）

前 言

材料类课程在工业设计专业的基础课程系列中占有非常重要的地位，这里显示了两个要点：①重要性；②基础性。就基础性而言，强调的是扎实，全面了解材料的知识，熟练掌握材料的操作；就重要性而言，要求的是深度，充分认识材料的属性与变化，深刻理解材料的设计与思想。因此，材料类设计课程既要扎实，又要有深度，这便成了一件在本科低年级教学中颇难把握的事情。

在教学中，我们常常遭遇这样一种难以两全的现象，或者偏向材料的科学性、工程性领域，严谨而乏味，或者过于玩材料、玩设计，把材料课上成了设计课。当然，凡此种种情况的发生，也取决于各个学校对于材料课程在其整个教学大纲中的定位和角色。

中国美术学院的材料与技术（木）课程，在近二十个春秋的教学实践中，出现了多次不同侧重点的教学实验，或是注重材料理性的、强调材料加工技能的，或是突出传统文化的，或是追求生活关联的，我们总是希望能够找到适合艺术类学生特点的工业设计材料课程的教学之道，它应与理工科院校或高职院校中的材料类课程有所区别。正是这种不停地探索与实验，使得材料与技术（木）课程总是处于一种未完成的状态。

木材或许是人类最早获取和驾驭的天然材料，它从一开始就渗透进我们的生活之中，衣食住行，无所不包，无处不在，并延续至今。木材是不断发展变化的，从原木、纸浆、夹板、曲木到塑料木材等复合性材料，从锯割弯曲到蒸汽弯曲，从实木弯曲到薄板弯曲，甚至是发泡膨胀弯曲等材料加工技术，都将使我们对于木材的认识和利用取得进步。

实际上，木材也是中国人最喜爱的材料之一。赵广超先生曾言，中国人用木头造出纸张，用木头刻字制版，然后在木头搭建的空间里，一并写下了整个建筑和木制品工艺发展史。由家具、生活用具而至建筑及园林，正可以看作是中国文明的“入口”，而在进入中国文明长长的甬道时，很有可能，正是作为一种语言的木头本身起到了巨大的中介作用。[①]

Preface

① 石映照．木头里的东方．北京：新世界出版社，2006.

在设计史的长河中，我们可以看到对木材情有独钟的设计师不胜枚举，材料与技术（木）的课程也一直是中国美术学院工业设计专业基础课程中最受欢迎的课程，其教学实践中的得与失、思与辩日积月累，弥足珍贵，这是一种教学的自觉、自省与改革，本次教材的写作亦源于此。在这里，特别感谢中国美术学院工业设计专业全体师生的努力教学和实践。

在本次《材料与技术·木作》教材的编写工作中，王菁菁负责全书大纲拟定、终审并编写第一章、第五章和第七章，徐望霓负责编写第二章，李孙霞与苘小翔合作编写第三章，王菁菁与李孙霞合作编写第四章和第六章，李孙霞负责第三章、第四章、第五章和第六章中所有黑白线图的绘制，周波、裘航、何大伦、李演、李祥仁、曹静、杨子江、晋文、吕紫薇、刘洋等老师和同学也参与了本书编写过程中的相关工作。全书最终由王菁菁负责统稿和校对。

最后，所有的编写者想借此机会特别感谢中国建筑工业出版社对“实验性工业设计系列教材”出版工作的关心与支持，感谢编辑们的认真与耐心！

目　录

Contents

1

第一章 绪 论

1.1 “材料与技术”课程反思

工业设计专业中的三大材料课程（材料与技术——木、金属、树脂）已传播甚广，国内很多院校也在一板一眼地进行着材料类课程的教学。但随着教学内涵的深化，三大材料课程的定位出现多种情况的分化：以材料科学为主线的，以技术工具应用为主线的，甚至单纯地把材料课上成手工技能训练课等。作者以为，这些情况都是对于工业设计专业三大材料课程的误读与曲解。

首先，我们需要厘清材料类课程的学理背景。在国务院学位委员会、教育部颁布的最新学科目录中，材料科学与工程属于工学学科门类中的一个一级学科，下设三个二级学科。材料学是研究材料组成、结构、工艺、性质和使用性能之间相互关系的学科，为材料设计、制造、工艺优化和合理使用提供科学依据。因此，材料类课程有着严谨的工学背景。工业设计是一门集艺术、技术、人文、社会等科学于一体的交叉学科，它要求形式与功能的统一、技术与艺术的结合，正是这种特殊的学科属性使得工业设计专业在开创之初便引入材料类课程。可以说，材料是工业设计的基础，且两者间密不可分。工艺则是实现产品设计的技术手段，如果缺少合理、先进的工艺手段，无论多么有创意的想法也将无法实现。

但是，材料类课程并非专为工业设计而生，它是从工学类专业延伸至设计领域教学中的。材料类课程要有工业设计专业自己的特色，这对于工业设计是至关重要的。目前，凡有工业设计专业的院校几乎都开设了材料类课程，但问题在于：艺术类院校背景的，不是开设了材料类课程就万事大吉了；工科院校背景的，也不能生搬硬套普通工程技术类的相关课程。在一些工科院校，工业设计专业的学生甚至和机械工程专业的学生一起上课，从材料力学、金属工艺学到机械设计基础、电工电子学等一连串课程，学时多、内容庞杂、主次不分，学生负担过重。虽然课程内容广而深，却不尽适合工业设计专业的实际情况。工业设计专业的材料类课程在教学目标和教学内容上的确值得商榷。

课程教学归根到底是为了学生，在这里，我们不禁要追问，工业设计专业的人才培养目标究竟是什么？一般说来，工业设计专业应培养具有扎实的工业设计基础理论知识，“厚基础、宽口径”兼顾“知识、能力、素质”协调发展，具有良好的产品设计能力、职业素质与技能，具有社会责任感、环保意识和国际视野，能从事专业相关领域中的文化、设计、研发与综合性工作的复合型产品设计后备人才。这样的人才应具有良好的设计创新思维能力，具备分析与解决产品设计中遇到的研究、开发、设计等方面问题的能力，能在综合把握产品功能、材料、工艺、结构、造型、市场需求诸因素间关系的基础上，合理地进行产品的改良、开发、整合和创新设计。

在明确人才培养目标的基础上，我们可以重新审视材料类课程的困境，寻找可能的出路。首先，材料与技术的发展是永无止境的。授之以鱼不如授之以渔，材料类课程不能过于追求课程内容的深度和广度，而应该以小见大，激发学生持续关注材料发展的兴趣，提升他们在这方面的设计敏感度，培养他们对于材料的自我学习能力。其次，工业设计专业的材料类课程应努力培养一种基于系统性思考的、有关材料与技术的灵活应用能力，而这也反映了工业设计专业综合性与应用性强的特征。工业设计专业的学生可以记不住繁复的材料力学公式，但必须掌握有关材料的基本知识、关键性能；同时，在整体观、系统观的导引下看待材料与技术，这样才能够和不同学科背景的团队一起讨论问题，衔接设计工作，做到触类旁通。再次，基于当下中国设计的发展趋势与诉求，我们也有责任把传统文化与设计思想引入材料类课程中开展教学实践。以“材料与技术（木）”为例，从传统来看，中国人对待木材的态度并非仅止于材料自身的属性。比如经过长期对木材性质的认识和实践，榫卯设计已经演绎为中国传统木作不可或缺的一部分，代表着一种充满智慧的组织方式和结构精神，它适用于那个时代背景下的百姓生活，也反映出了中国人传统的审美情感。在这个全球化的时代，西方文化和生活的影响无处不在，从无印良品到LV手提包等，我们看到了从日本、荷兰、意大利、德国等国输出的大量设计，却似乎忘记了我们中国自己的设计。当然，中国的设计界近几年来也逐渐意识到了这个问题，喊出了“民族的就是世界的”的口号，开始在国际舞台上通过自我的民族身份，用地域的民族符号，以传统的名义，意图获得一席之地。但是这些大都只是停留在表层甚至过于强调自我，我们应该关注发源于本土社会内部的“土生土长”的文化自我演进过程。

回到工业设计专业的“材料与技术”类课程，当我们在接受材料科学丰厚的知识和方法的同时，更应该有一种基于“材料”而超越“材料”的系统认知与实践探索。

1.2 教学实践回溯

“材料与技术”课程是中国美术学院设计艺术学院工业设计系重要的专业基础课程之一。该课程设置于本科二年级上学期，是面向所有专业研究方向本科生的一门共同的基础课。

“材料与技术”课程的设置由来已久。1995 年，环境艺术系工业设计专业开设“材料与技术”课程；1996 年，工业设计与陶瓷系成立，“材料与技术”课程处于摸索阶段；2002 年，经过长期酝酿，在系教学研讨会议上，正式制定了“材料与技术”课程的教学计划和教学大纲，确立了该课程在专业基础课中的重要地位；2003 年，系教学研讨会议修订了该课程的教学大纲，将原先笼统的“材料与技术”课程拆分，正式确立了以木材、金属以及合成材料为主的三大材料与技术课程；2004 年，在系教学研讨会议上再次修订了“材料与技术”课程的教学大纲，在强调理论与实践相结合的同时，注重对材料中的文化意识的探索；2007 年、2008 年及 2009 年，三次对“材料与技术（木）”课程作业设置进行讨论与调整，特别提出要注重对学生设计创新意识的培养，对专业基础课程与专业设计课程的衔接进行了大胆尝试和摸索，取得了令人满意的效果。目前，该课程已被评为中国美术学院院级精品课程。

“材料与技术（木）”课程设置于本科第二学年第一学期，它须起到衔接基础课与专业设计课程的桥梁作用，为学生今后的专业培养打下坚实的基础，其重要性不言自明。基于各种因素考虑，本课程的基本教学要求是：①强调清晰地表达专业特色；②强调明确体现扎实的专业素养；③注重良好的原创性；④着力促进高品质的设计动手表达，包括手绘图纸、CAD 制图、模型制作等；⑤强调呈现清晰的设计过程。

经过几年来的教学努力，本课程较好地实现了最初的教学设计思想。学生作业普遍体现出强烈的专业特点，且能够呈现出较为清晰的设计过程，从草图、加工图纸、多比例工作模型，直至最后的全比例成品，阶段分明。部分课题作业不仅创意极佳，而且制作极精，体现了这些学生作为未来设计师须具备的专业素养。

1.3 一课三省的“材料与技术・木作”

通过数年的教学努力，基于专业基础类课程强调教学基础扎实、注重培养学生良好的专业素养等要求，我们不禁反思该课程数年来的些许经验。

1. 坚持“设计就是需要动手”的教学思路和方法

“材料与技术（木）”课程的重点是木材的基本性能、木材的成型加工工艺以及木材的设计应用。该课程包含了大量的理性知识，这对于以感性见长的艺术院校学生来说是不容易掌握的。为此，教师组成员思考了很多解决方法，例如丰富课件的制作，强调生动、直观、交互性的课堂教学，突出课程形象化的特色，重视理论讲述和形象资料的有机融合。又如积极联系相关企业，使学生通过实地考察，让理论知识真实化，更易于学生的理解和掌握。然而，最重要的是在课程中始终强调理论与实践的结合，彻底贯彻“做中学”的教学思想，让学生通过动手制作，感知材料，理解材料的特性。

在材料类课程中实施“做中学”只是专业教育理念的起点。其实，“设计就是需要动手”，这是世界上许多先进设计学院的教育哲学。如果追溯它的源头，恐怕就必须提及现代设计教育的鼻祖——包豪斯了。纵观包豪斯 14 年的设计教育历程，可以发现它始终坚持合理化、人性化的设计哲学思想，坚持理性分析的设计方法、循序渐进的设计过程和“从做中学”的训练方式，例如包豪斯在迪索时期建立了以车间为教学中心的教育体系，先后创办了印刷车间、陶艺车间、纺织车间、金属制品车间、木工车间等，用来培养学生解决实际问题的能力，车间教学不仅会锻炼学生的审美能力，而且在做结构、功能等整体设计时能考虑到生产问题，使设计更合乎实际生产的需要；又如包豪斯对设计教育最大的贡献是基础课，它最先是由伊顿创立的，是所有学生的必修课。伊顿提倡“做中学”，即在理论研究的基础上，通过实际工作探讨形式、色彩、材料和质感，并把上述要素结合起来。伊顿的继任者莫霍利 – 纳吉主张机器文明和技术理性，他在课堂上试图打开学生们的思想，让他们接受新技术、新手段，教学生们了解基本的技术与材料，教他们理性地运用它们。后来的研究者概括道：“莫霍利 – 纳吉尝试找到新的方法，使年轻人与技术和设计、设计和手工艺、设计和艺术之间的共同范围相关联。可能他最重要的理念，是让学生实验直接使用工具、机器和材料。”

必须做，做才能懂得设计，对于工业设计尤其如此。有人认为，现在电脑出现了，模型不再需要了。但我们认为，模型制作必须占有一定的百分比，模型制作不能用电脑来代替，它是设计过程中的必经阶段，也是不可取代的一部分。

模型制作的观念在国外的许多设计学院可谓是深入人心。从某种角度讲，这也是德国工业设计教育的典型特征之一。以德国斯图加特国立造型艺术学院为例，通过与其进行多次中外教学交流活动，我们发现，在课程中，国外的教授们根本无需在作业要求中提及模型一项，学生们会自觉地制作各种比例的中间模型来与教授进行设计讨论，几乎没有学生只带着草图来参加讨论。当讨论进行至不同的阶段，与之相配合的中间模型也已做出，不同材料、不同比例、不同片断的模型可以让师生的讨论更加有的放矢：一方面，教授们的提问变得细致而尖锐；另一方面，学生的设计问题也可以得到切实的解决。

当然，做模型与画草图并不矛盾。当设计进行到一定阶段时也要绘制示意图，学生需要将脑子中的概念用效果图准确地展示出来。如果有的学生画草图受阻，就必须开始做模型。模型的制作并不是为了呈现一个美丽的物品，重要的是要做探讨模型。当你设计一件产品时，总有一些问题，例如人机工程学领域的探讨，在电脑中是很难实现的，而不同的中间模型却可以轻松地协助你解决问题。

有人认为，形象思维并不是科学的，其实恰好相反，科学告诉我们要去探讨解决方法，找到达成目标的路径，而这样的路可能是全新的。在探寻的过程中，形象且生动的模型一直在默默地指引着最终的方向。

2. 贯彻“以小见大”的课程内容落实手段

目前，“材料与技术（木）”课程的教学内容基本上分为两大方向，即实木与人造板材。对于前者，教学内容以中国传统的榫卯结构为切入点；对于后者，教学内容则以现代板式家具的快装式连接结构为落脚点。

以前者为例，课程从中国传统家具的最小单元结构入手，立足于实践而不止于实践，通过一个个榫卯案例的深入调查、解剖与重构，使得学生在动手实践的基础上有效提升其专业理论素养。一方面，在学习传统榫卯结构的同时，掌握现代工业化生产方式下的新型榫卯结构；另一方面，通过学习榫卯结构的知识，感知其背后的文化内涵，反思今日的中国设计。

榫卯结构作为中华民族独特的工艺创造，有着悠久的历史。到了明代，家具中的榫卯结构达到了技艺之巅峰。当时海外的质地坚硬的硬木大量传入我国，使得工匠能够利用其制造出复杂而巧妙的榫卯结构。明代的家具注重功能的合理性与造型的多样性，既符合人的生理特点，又富贵典雅，是艺术与实用的结合。清代家具依然沿用明代家具的结构，尤其是清初的家具，以设计巧妙、装饰华丽、做工精细、富于变化为特点。王世襄先生在《明式家具研究》一书中指出，明至清前期是中国传统家具的黄金时期。明式家具在中国家具历史上以结构科学合理、榫卯精密、坚实牢固而著称，也可以说是榫卯结构发展的黄金时期。从某种角度看，采用硬质木料的榫卯结构提升了明式家具的艺术价值，使明式家具确立了自己的风格。

事实上，明式家具对 20 世纪现代主义家具设计有着极大的影响力，例如世界级设计大师汉斯·维纳设计的系列椅子。现代设计发生在工业革命之后，那时整个世界进入了工业化时代的发展阶段，西方的经济越来越发达，中西方之间的文化输出与输入更为失衡，在西方不断地吸收、消化各种外来文化财富的同时，我们则处于一种被动落后的尴尬状态。从社会发展的角度看，生产方式的更替才是上述这种现象产生的真正根源所在。人类的生产方式历经了从手工业生产时代、工业化生产时代到今天的信息化生产时代，随之人们的生活方式乃至各种社会形态亦发生相应的变化，这是一个不可逆转的时代发展洪流。当年，在全世界开始步入乃至积极拥抱工业化新时代的时候，我们却停滞不前，宝贵的传统文化精粹被他人所吸纳，而不自我珍惜与发扬光大。榫卯结构虽小，却足以让我们自省：人是一切的根本、出发点和归宿；文化是人创造的，也是对人影响最深的、具有普遍意义的、可掌握和了解的、可为设计所用的，并可以生发出优秀概念的东西；设计师了解人，把握文化，也是为了可以设计出优秀的产品。

然而，今天是真正意义上的全球化时代，而设计的本土化、地域化与全球化是一件相互关联的事情。当各种交通或者交流工具极为不便时，哪怕两个相隔仅几十里的村落，从语言、日常用具到居住建筑等都可能会呈现出各自鲜明的地域特色。但是，在今天的全球化时代，人们的日常需求、生活方式以及生产方式等也被全球化了。一方面，不能丢掉自己的传统，因为那是立身之本；另一方面，也不能过于强调中国设计的本土化甚至完全回到传统语境，而是应立足当下，有限继承，才能实现中国设计的创新与重启。

3. 建构四位一体式的课程设计——材料与肌理、结构与形态、传统木艺与现代型材、生活与设计

这是本课程在引入了德国斯图加特国立造型艺术学院同类技术课程后凸显出来的对传统材料类课程的一次重要的教学内涵深化与革新。它不同于国外该类课程通常由技工负责的情况，而是立足于通过材料与肌理的对比，探究一种合乎情理的设计开始；通过结构与形态的关联，明晰一种自然生成造型的设计逻辑；通过传统木艺与现代型材的传承出新，挖掘一种材料本身所蕴含的设计演绎;通过关注生活小用品，建构一座学生在材料课与生活之间的设计桥梁。从历次课程的教学结果来看，这四个“通过”极大地触发了学生从材料、肌理、结构、形态、传统木艺、现代型材到生活设计的一种理解与热情，充分考虑了专业基础课程与专业设计课程的衔接问题，为下一阶段的设计课程培育了扎实的技术基础和灵动的思维能力，弥补了过往类似课程中两者割裂

的状态。

特别值得一提的是，在某次课程作业的集体评分中，教师组意外地发现了一份“自定义”作业——为街头的擦鞋人制作的小工具箱。那次课程的既定作业是为学生宿舍设计一件小型的折叠储物盒，可是这位同学却别出新意。只从作业要求的角度来看，它略显稚嫩，无论是形式还是功能都有待商榷，令所有教师心动的是学生的设计初衷，即卑微者亦有尊严。一件小小的工具箱摆在面前，其背后却是一位 20 岁的年轻人所思考的设计责任与理想。

从根本意义上讲，设计的结果是我们的社会和文化理想的反映。消费主义、计划经济、市场经济、市场竞争、可持续设计等，这些概念和制度都是我们的社会构想的表现形式。设计艺术比自然科学具有更多的社会人文因素，其核心意义可以理解为是一种社会理想的现实载体。设计理想和设计责任的缺失，已经成为必须引起重视的关注点。西方国家设计人文和责任体系的建立是长期历史发展的结果，而目前中国社会的境遇则更需要社会各界有识之士的共同努力。中国设计教育界的领导、老师、学生等都责无旁贷。作为一个设计者，如若缺乏良好的人文素养和社会责任感，不敢独立思考，往往容易导致设计有形式手段而无思想内容，缺乏力量与深度。反映在设计教育上，教育也将无法传递人性之美，越来越被工具化，难以培养出真正的人才。正因如此，工业设计专业在新的教学改革中应该更加重视对学生人文素质和社会责任的培养，必须认识到个人的好恶与大众的福祉之间存在着内在的联系，设计也应该勇于承担对社会的责任。同时，一种具有社会责任感的设计理念将会引导学生走向更加全面地考虑问题的正确轨道，比如系统解决环境保护等这一类具有重要意义的现实问题。“为街头的擦鞋人制作的小工具箱”是一次典型的教学相长的案例，它促使我们更加严肃而认真地对待这门基础课，因为它为学生建构的并不仅仅是材料与技术的基础知识，更是有关设计责任、理想的更多思考，这些思考必将投射到未来设计师的心灵深处。

1.4 从“木材”到“木作”

2013 年的盛夏杭州，中国美术学院迎来了又一个毕业季，今年的主题是“上手的青春”。许江院长在毕业典礼的致辞中讲道：上手的青春，青春在于生命，如何能上到手上来呢？艺术教育旨在通过手、眼、心的训练，来延续传统，创新文明。其中技艺的训练是基础，这个基础造就手与眼、手与心的一致，整饬知行合一的能力，领会万物创造的道理。达到这样的基础后，某种专业的技艺就成了我们称之为“手”

的能力。这种技艺又若工具，它是否好用，是否称手，是否成为心灵的延伸，创造的生命自知。青春正是这样最鲜活、最具感受力的生命，是这种生命能量最生动的破壳新生。

通过手、眼、心的一致，领会万物创造的道理，让专业技艺成为心灵的延伸。也就是说，我们应该“像匠人一样劳作，像哲人一样思考”,这是材料与技术（木）走向“材料与技术·木作”的一种内在实质，也是课程教学的宗旨所在。

现代设计起源于西方，纵观整部现代设计史，可以说每一次材料与工艺的革新都为设计带来了转变，或是新风格的建立，甚或是一种生活方式的产生。因此，在国外许多设计院校的课程设置中，材料类课程都占据着重要的一席之地。但是，这一类课程基本属于纯技术类课程。其中，材料本身的理论知识讲授颇深，动手实践也占有一定的比例。然而，我们以为，仅以此来引导学生对材料的认知是不够的。

在课程中，学生将初始状态的木头加工成精巧的木制品，不仅要求双手灵巧，还要融会心思。在现代木工作业中，手工操作仍然占据主要部分，其中包含划线、切削、刨平、凿榫、打磨等繁复的动作。机械可以减轻劳作的强度，但无法取代双手，设计者的思想通过双手和工具作用在材料表面，使原本存于脑中的构想显现出来。材料、工具、双手以及心灵在这个过程中相互投入，可以创造出丰富动人的成果。在木作中，通过接触材料，培养学生掌握工艺技能，并亲自体验制作的过程；在木作中，培养学生的个体创造精神，促使他们重视社会文化对设计的影响；在木作中，培养学生勇于反思设计的现状，鼓励学生发表自己的独到见解并实现个人见解的勇气。

一课三省不止于思，虽然“材料与技术·木作”只是专业基础课之一，但只要我们勤于思考，不断反省课程的内容选取、课题设定、教学方法等环节，就一定能不断完善课程本身，接近并最终完成应有的教学目标，为学生的专业学习打下良好的基础。

第二章　认识木材：从一棵树到一块木板

【课程内容】

1. 树木的生长及组成；
2. 木材的特性、优缺点；
3. 木材的类型；
4. 木材的派生材料。

【学习目的】

1. 了解树木生长及组成的基本知识；
2. 掌握木材的干燥、形变及优缺点；
3. 掌握木材的分类及常用木材类型，知晓其用途；
4. 了解木材的派生材料，思考其未来的发展方向。

2.1　记忆中的木材

树，是大自然的精灵。一粒树种，从树枝间飘落进泥土，经过冬天的积蓄力量，春天的破土而出，夏天的坚毅成长，待到秋天的枝繁叶茂，一天天，一季季，向上生长，终成大树。它或是美丽了自然，或是成了有用的木材，这一饱含生命力的材质就这样携着自然清新的气息与沉稳温润的质感从家具到建筑渗透进人们的生活，天然的纹理、原始的木色以及纯净的气味简单而直接地带来了森林的呼吸（表 2–1、表 2–2）。

树木的生长过程　　**表2–1**

树木是一个有生命的生活体	由种子（或萌条、插条）萌发	➡	经过苗期	➡	经过幼树	➡	最后长成枝叶茂盛、根系发达的高大乔木

表2-2 树木的组成部分

组成部分	功能	各部分的组成	作用	树木的组成部分图例
树根	树根是树木的地下部分，支持立木于土地上，保持树木垂直，从土壤中吸收水分和矿物质，根尖生长点的细胞有分生能力，每年可以分出新细胞，使根部逐渐加长。树根占立木材积的5%～25%	主根	主根的功能是支持树体	气体交换（O_2、CO_2） 树冠 树干 树根 树皮 形成层 边材 心材 溶有营养成分的树液通过内皮向下运输 水和无机盐沿边材向上输送 水和无机盐
		侧根	侧根和须根则主要是从土壤中吸收水分和矿物质营养	
		须根		
树冠	树冠是树叶和它所覆盖的树枝的总称。树冠的范围通常是由树干上部第一个大的活枝算起，至树冠的顶梢为止。树冠的功能是进行光合作用，制造有机营养物质，并且进行呼吸作用及蒸发作用。枝端生长点的细胞能分裂新细胞，使树木向上生长	树冠中的大枝	可生产部分径级较小的木材，通称为枝丫材，树枝材积占立木材积的5%～25%。枝丫材是制造纤维板、刨花板的原料	
树干	树干是树冠与树根之间的直立部分，是树木的主体。木材的主要来源就是树干，占立木总产量的50%～90%。在活树中，树干具有输导、储存和支撑三项重要的功能	树皮	木质部的边材把树根吸收的水分和矿物质营养上行输送至树冠，再把树冠制造出来的有机养料通过树皮的韧皮部，下行输送至树木全体，并储存于树干内	
		形成层		
		木质部		
		髓心		

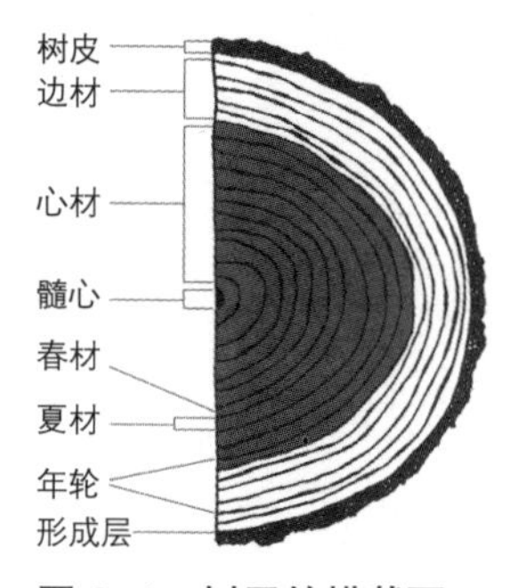

图 2-1　树干的横截面

从一棵树的横截面能看到其不同的生长特征（图 2-1）。最外面的是树皮，其中靠外的树皮可以保护树木免遭动物和自然环境的破坏和磨损，而靠里的树皮则负责将树叶通过光合作用产生的营养物质运输到一层名为“形成层”的很薄的活细胞中。

所有树木的生长都发生在形成层。形成层的细胞朝外生长形成新树皮，朝里生长就变成了新木材。每年形成层都会朝里长出一个新的边材外圈，它的主要作用是将水分从树根运送到树的上部。随着细胞不断生长，边材的最里层会渐渐失去运输水分的能力，慢慢变硬成为心材（表 2-3），也就是树干中部颜色较深的部分（图 2-2）。树干的中心部分叫做髓心。在大多数气候条件下，树木在春天的生长速度要比夏天快。在同一个年轮内，这一现象具体体现在密度和颜色的变化上。

台湾地区木头手工艺术家阎瑞麟在《有木的生活》一书中提到：“绝少人是不爱木的，因为那与我们来自于森林的原始记忆有关。人树之间也包含着关于生命意义的故事，自古以来也一直广泛地被流传、歌颂。人们使用木材来帮助生活，从狩猎工具开始到建筑屋舍、家具、纸类、生活道具到现代新科技的开发，也都与木材有密不可分的关系。”

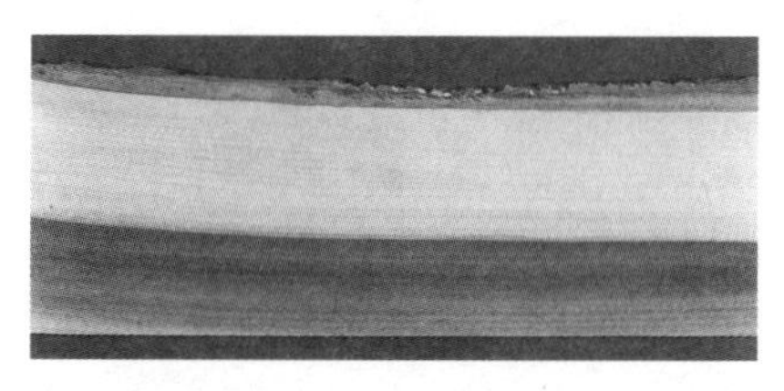

图 2-2
边材和心材颜色变化的分界线清晰可见的黄杨木片

木材是建筑环境中最普遍的材料之一。我国木结构建筑历史悠久，远溯三千五百年前，我国

边材、心材的概念及特征　　表2-3

类别	位 置	功能	树干水分、细胞及颜色变化	材质特点
边材	树木次生木质部的外围活层	具有输导树液、机械支持、贮藏营养物质等功能	边材中有生活细胞，其细胞中水分较多，且无心材中常见的深色沉积物质，色浅，较软	边材的材质较好，弹性、韧性都较大
心材	木质部靠近髓心的部分	无输导树液与贮藏营养物质的功能，主要对整株树木起到支持作用	心材中不含生活细胞，水分输导线路堵塞，水分较少，树脂和碳酸钙沉积，单宁和色素透入，形成颜色比较深的木材	心材的材质发脆，离髓心越近，脆性越强，材质较差

就基本上形成了用榫卯连接梁柱的框架体系，到唐代逐渐成熟，许多大木结构已历经百年甚至千年。新中国成立后，我国木桁架结构由传统的设计与加工技术，逐步进入现代胶合木结构自行设计与加工的应用。20 世纪 80 年代，我国可用于木结构建筑的木材十分紧缺，国家又无力从国外购进优质结构用材，以致木结构建筑较少使用。近年来，随着国外现代木结构建筑体系的纷纷引进，加之节能、环保、返璞归真和体现自然等理念深入人心，其实用和经济的优越性已卓然显现。专家指出，从建筑经济学和建筑生态学的角度看，大力推广木结构建筑建造，确实是在走一条合理利用资源、可持续发展的新路。

木材除了在建筑、家具领域的广泛应用外，自古以来木制器具在我国也是颇为考究的，例如木制的各种糕饼模子，其中月饼模子花色各异，尤为讲究。时至今日，我们虽无法穿梭时空，却可以摩挲着饼模上的图纹，踏着唐诗宋词的韵律，在同一轮明月的映照下，与古人隔空对饮。

2.2　木材的基本知识

木材是由树木中沿着主干、分支以及树枝方向生长的各种细胞组成的，而这些细胞基本上都是由纤维素构成的，它们通过一种叫木质素的物质粘在一起。你可以将一块木头想象成用胶水（木质素）粘在一起的一束秸秆（细胞）。这些粘在一起的秸秆很难被拦腰折断，但将它们彼此分开（顺着它们的长度方向）相对容易些。这就是为什么木材更容易沿着纹理而不是横向于纹理开裂。

2.2.1　木材的综合特性

木材是在一定自然条件下生长起来的一种有机物质，是一种天然的、生物性的、可再生的复合材料，其结构特点决定了它的性质，它具有其他材料不可替代的许多优点，但也存在着一定的缺点。有关木材的综合特性如下：

1. 木材因树种不同，密度在 0.3 ~ 0.8 克 / 立方厘米之间，比金属、玻璃等材料的密度要小得多，为优良的质轻而坚韧的材料。木材富有弹性，在纵向（生长方向）的强度大，是一种有效的结构材料，但抗压、抗弯曲强度较弱。

2. 容易加工和涂饰，尤其是沿木材的纤维方向容易加工。由于木材的管状细胞容易吸湿受潮，故涂料的附着力强，易着色和涂饰。

3. 木材对周围空气中的湿气具有吸收和放出的平衡和调节作用，具有这样的吸湿性使木材不易出现结露现象。木材的纤维结构以及细胞内部留有停滞的空气，使得木材受温度的变化影响不明显，热膨胀系数极低，不会出现受热软化、强度降低的现象。

4. 木材对热、电的传导率低，电阻大，可适用于制作加热使用的各种器具把手。但由于含有较多的水分而使制品的绝缘性降低。

5. 木材具有天然的色泽和美丽的花纹，因年轮和木纹方向的不同而形成各种粗、细、直、曲的纹理，经过旋切等多种方法处理能截取、胶拼成种类繁多的花纹。

6. 木材经蒸煮后可以进行切片，在热压作用下可以弯曲成型。木材还可以用胶、钉、榫卯等方法牢固地接合。

7. 木材的干缩湿胀容易引起尺寸形状变异及强度变化，发生开裂、扭曲、翘曲等弊病。木材着火点低，容易燃烧。木材还易遭受虫菌蛀蚀而引起变色和腐朽。

8. 木材是具有各向异性的材料，即使是同一种树种的木材，因产地、生长条件和部位不同，其物理、力学性质差异很大。加上木材还存在节子、虫眼、弯曲等天然缺陷，使其加工和利用受到一定的限制。

总之，木材具有最佳的加工技术特性，重量适中，材质结构细致悦目，纹理美观，弯曲性能良好，膨胀性能及翘曲变形小，易加工，易着色、胶接和涂饰，使木材至今仍然与钢材、水泥等材料处于同等重要的地位。

2.2.2 木材的切面、纹理与形变

木材锯解或切割后，可有多种切面，观察和研究木材通常是在三个典型切面上进行的。这三个切面是横切面、径切面和弦切面（图 2–3）。从横切面、径切面和弦切面三个典型的切面观察分析，可以反映出木材的构造，以便对木材加以认识和合理利用（表 2–4）。

木材纹理是由木材中各种细胞排列组合而成的，我们从长纹理和端面纹理来进一步理解木材纹理的含义。在此，再一次运用那个把木板比作一束用胶水粘起来的秸秆的比喻。木板的表面，相当于我们能看到的外围的秸秆，呈现的是“长纹理”（或者叫“边纹理”）。木板的两端，相当于我们能看到的秸秆开放的横截面，呈现的是“端面纹理”。

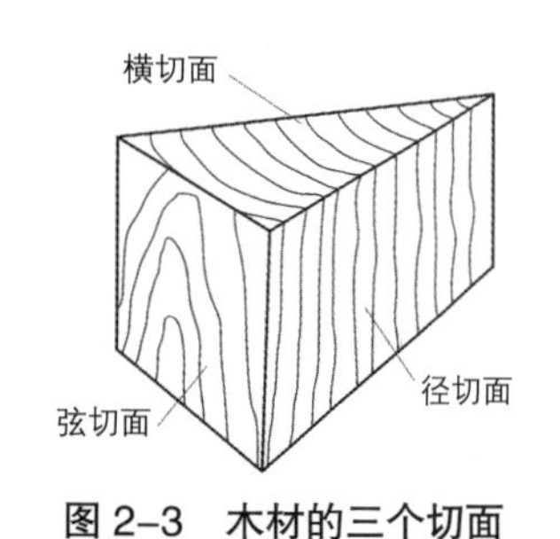

图 2–3 木材的三个切面

木材的三个切面　　表2-4

木材的三个切面	概念	显露特征	材质特点
横切面	横切面是与树干轴向垂直加工成的切面，从内至外分别为髓心、木质部、形成层和树皮	在横切面上，各种纵向细胞或组织，如管胞、导管、木纤维和轴向薄壁组织的横断面形态及分布规律都能反映出来；横向细胞或组织，如木射线的宽度、长度等的特征，亦能清楚地反映出来。在横切面上，年轮（生长轮）呈同心圆环状，木射线呈辐射线状	木材在横切面上硬度大，耐磨损；但易折断，难刨削，加工后不易获得光洁的表面
径切面	径切面是与树干平行而与生长轮垂直加工成的平面，即和木射线平行，通过髓心所切的平面	在径切面上，纵向细胞（导管）的长度和宽度，心边材的颜色和大小都能反映出来；年轮呈纵向相互平行，木射线呈横向平行线（片）状，能显露其长度和高度	在径切面上木材纹理呈条状且相互平行。径切板材收缩小，不易翘曲，木材挺直
弦切面	弦切面是顺着树干主轴或木材纹理方向，不通过髓心，与年轮（生长轮）平行或与木射线垂直的切面	在弦切面上，纵向细胞（导管）的长度和宽度都能反映出来；年轮呈抛物线状，木射线呈纺锤形，能显露其高度和宽度	在弦切面上形成山峰状或“V”字形木材纹理，花纹美观但易翘曲变形

理解长纹理和端面纹理的不同，在我们胶合木材的时候非常重要。将两块木板边对边胶合在一起（长纹理胶合）可以看作用人造胶水代替木质素把木板中的“秸秆”重新粘起来，因此是非常牢固的，要知道现代的胶水可比木质素粘得紧。端面纹理胶合就显得不那么可靠了，那些多孔的、易吸水的细胞会吸收胶合处的胶水，这样就自然没有什么黏着性可言了。

当木材收缩或膨胀时，它在每个方向上形变的程度是不一样的。在硬木（如樱桃木、枫木等）中，一般垂直于年轮的形变程度大概是平行于年轮的形变程度的一半（图 2-4）。认识到这一点很重要，这样你就会知道为什么一个圆榫会随着内部水分的改变而变成椭圆形，一块弦切的板子为什么会变成杯形。

在形状上，木材有三种形变：杯形形变（图 2-5）、弓形形变和扭曲。杯形形变是指在宽度方向的曲线形变，而弓形形变是沿着长度方向的曲线形变，至于扭曲则是沿着长度方向的螺旋状形变（图 2-6）。

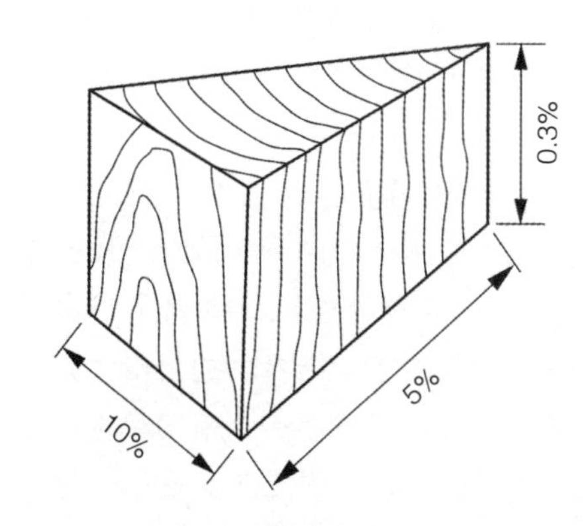

图 2-4　木材的不同形变

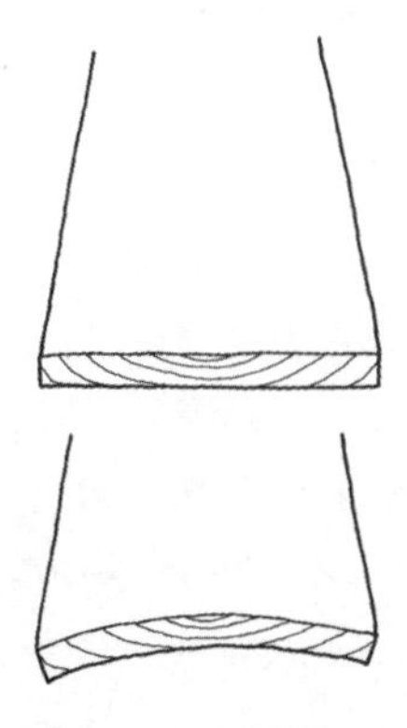
图 2-5　杯形形变

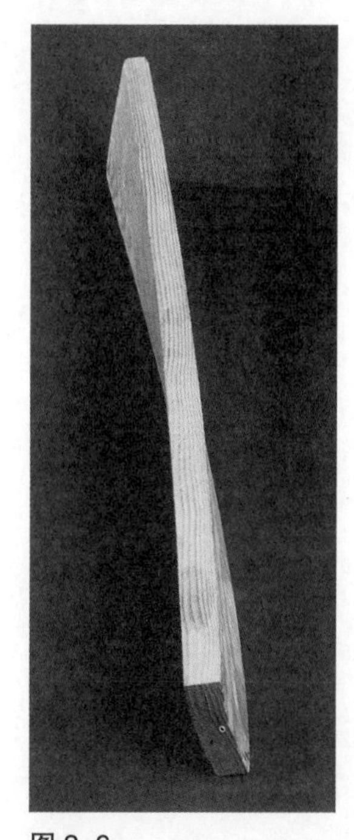
图 2-6
日本杉木的扭曲形变

除了湿度的变化，木材的“记忆能力”和内应力也是木材发生形变的重要原因。木材具有“记忆能力”，一块经过烘蒸变弯的木板，即使已经干透了，当周围的湿度增加时，它的内部被压弯的纤维仍然会努力恢复原来的状态。这就像一块干巴巴、皱巴巴的清洁海绵被丢进洗碗水后，会恢复原来那种平整、方正的形状。当弯曲的纤维重新吸水膨胀时，它们将促使木材变回原来的笔直模样。好的曲木家具应该通过各种工艺来锁定它的每一个弯曲部分，以抵抗木材本身的“记忆能力”。

内应力是由树木具体的生长情况或木材变干的方式决定的。当你在台锯上沿着板材的长度方向锯切（直切）木板时，锯出来的两边有时彼此并不平行：它们要么往一起挤，夹住锯片，要么向两边分开。导致这种情况的原因可能是当从板子上裁去一些木料后，木板内部的生长应力变得不均衡了。当然，烘干不当或者木材内部湿度不均匀也会造成这种现象。

之所以会发生扭曲，是因为许多树在生长时本身就有一点儿螺旋式生长的倾向。被加工成平板的木材，由于被切掉了部分木料或者内部湿度波动，其内部原有的应力平衡被破坏了，这时它就倾向于在一定程度上恢复扭曲的状态，或者产生杯形形变和弓形形变。

当板子的一面受潮了，这一面就会膨胀，使板子背向受潮面形成杯形弯曲。这种形变（临时的）可以在把板子内侧也弄湿或者将板子外侧烘干之后消失。一块木板经过烘干并平整定形后，一般不会发生弓形形变或扭曲，但是发生杯形形变的危险还是有的。

2.2.3 木材的水分与干燥

由于木材的细胞壁由类海绵物质（纤维素）组成，它们能够迅速吸收水气。即使是一块“干”的木材，比如餐桌的表面，也会根据室内的湿度（会随着天气和季节变化）吸收或是释放水分。虽然细胞壁会根据周围的湿度收缩或者膨胀，但这种变化只体现在木材的厚度上，对长度没什么影响。这就是为什么随着湿度的增加，桌面会变厚而不会变长。

当木材还是活着的树木时，含有两种类型的水：自由水和结合水。自由水就是能够通过中空细胞自由流动的水，而结合水是细胞壁吸收的水分。一棵树，其自由水和结合水的总重量能超过木材本身的重量。烘干后用来做家具的木材一般没有自由水，结合水的含量也只有6% ~ 8%。要除去所有的自由水和大部分的结合水，不是简单地把木材放在外面自然晾干就可以了，因为木材在这个过程中会收缩，这种自然的收缩会使木材开裂（图 2-7）。

试想，一段刚刚砍伐下来的原木放在地上，水分从树皮和刚暴露出来的端面处不断蒸发。外圈的木材变干后，自然会收缩变小，但是里面的木材还没有怎么失水，依然保持原有的尺寸。结果，外圈的纤维收缩，绷得越来越紧，最终开裂，导致木材产生从外向里的径向裂纹。同理，端面的水分蒸发引起它的收缩，并会给靠外的部分一个保持原状的张力。这样下去的结果就是原来的端部裂开以释放这个张力。

图 2-7
木材变干时会收缩，相比于木材的内部，其两端会先收缩，这就会导致端面开裂

一段刚伐下的原木如果任其自然干燥，产生无裂痕木板的概率就会降低。解决的方法是将刚伐下来的原木锯成厚木板，然后用油漆或者蜡封住木板的端面。厚木板堆放时应该用小木块间隔开，这些垫块能使木板之间的空气自由流通，同时应避免阳光直射和极度干燥的环境，这个过程叫作风干。一般情况下，25 毫米厚的板子需要风干一年。

木材公司当然耗不起那么长的时间在仓库里慢慢地自然风干，所以他们使用干燥窑快速地去除水分。板材用垫块间隔开，分层堆放在干燥窑内。窑内流动着温暖湿润的空气，空气的湿度会逐渐降低，每次调整时，空气的湿度都必须保持在比木材的湿度稍微低一点儿的程度。这种逐步降低湿度的干燥方法叫作窑干。如果操作正确的话，这样是不会使木材开裂的。

2.2.4 木材的缺陷

木材组织由于结构不正常或者受到机械损伤及发生病虫害等原因，致使它的强度、加工性能、外观受到影响，从而降低了木材的工业价值，甚至造成木材完全不能使用，这些都称为木材缺陷。国家标准将木材缺陷共分为几大类，即节子、变色、腐朽、虫害、裂纹、伤疤、变形等缺陷等。

1. 节子

节子是树木的枝条在生长过程中，树干上的活枝条或枯死枝条被逐渐加粗的树干包围起来所形成的，是树木的一种正常生理现象。节子按断面形状分为圆形节、条状节和掌状节三种；按节子材质和周围木材连生的情况分为活节、死节和漏节三种。节子的存在破坏了木材的纹理，而且节子材质坚硬，加工时容易损坏工具；在节子部位因木材出现斜纹，加工后表面不易光洁，强度也有所降低。

2. 变色和腐朽

木材在适宜的环境条件下，易受木腐菌和细菌的侵害，致使木材色泽和结构改变，这时木材的物理、力学性质随之发生变化，最后变得松软易碎，呈筛孔状、粉末状或海绵状等形态。这种形态称为腐朽。木材腐朽的初期，往往从变色开始，变色和腐朽的木材会影响木材的等级和利用。

3. 虫害

害虫对木材的危害称为虫害。虫害是木材遭受害虫蛀蚀后造成的损伤，形成表皮虫沟和大小不等的虫眼，致使木材的品质下降。

4. 裂纹

在树木生长期间或伐倒之后，由于受外力或温度、湿度变化的影响，使木材纤维之间发生分裂的现象，称为裂纹。按树木开裂部位和方向的不同，裂纹可分为径裂、轮裂、端裂、心裂等几种。

5. 弯曲

树干的轴线（纵中心线）不在一条直线上，有向前后左右凸出的现象，称为弯曲。对弯曲原木要注意合理使用，以提高木材的利用率。

2.2.5 木材的分类

木材按树木成长的状况分为外长树与内长树。外长树是指树干的成长是向外发展的，从细小逐渐长粗成材，而且这种成长情况因季节不同而形成年轮。内长树的成长主要是内部木质的充实，热带的木材几乎都是内长树。

木材按树叶的外观形状分为针叶树和阔叶树。针叶树树干直而高大，易得大材。针叶树由于纹理平顺，材质均匀，木质较软而易加工。常用的树种有红松、马尾松、红豆杉、白松、银杏、铁杉、云南松等。阔叶树的树干通直部分一般较短，材质较硬，较难加工。阔叶树一般较重，强度大，胀缩、翘曲变形大。有的阔叶树具有美丽的纹理，适于制作家具及胶合板等。常用的树种有毛白杨、枫杨、白桦、紫椴、水曲柳、东北榆、柞木、黄柏、樟木、枫树、楠木、榉木、柚木、紫檀、乌木等。

木材按材质分为硬木和软木。“硬木”这个词来源于定期脱落的树与常绿阔叶树的木材。“软木”这个词原来描述的是松柏科的树或针叶科的树的木材。硬木的密度非常大，它引人注目的装饰功能及其硬度与长度，是别的木材所不能代替的。家具制作者通常更加青睐硬木，因为它们结实，形变量少，纹理形状多种多样，颜色丰富，光洁度好，切割起来更干净。软木，如冷杉、松木、云杉和红杉等，在建筑施工中用得比较多，例如做框架、修缮用料、家装材料等。一般而言，硬木的硬度要比软木大，但也有例外，比如有一种南方松木（软木），其硬度和密度就比属于硬木的椴木要大。

硬木有一种称为导管的管状细胞，这种细胞在木材上显现为一个个小孔。如果细胞较大，木材的纹理就略粗或疏松，可能需要用填孔剂使表面变得平整。如果细胞较小，纹理就很平滑，这些木材称为细纹木，不需要填孔。橡木、胡桃木、楞木、桃花心木、红木和柚木都是粗纹木，榉木、桦木、枫木、樱桃木、椴木、胶木和杨木则是细纹木。软木没有导管细胞，出于各种实际的考虑，可以归为细纹木。

2.2.6 常用树种

图 2–8　树干的年轮

木材的外观由细胞的类别和排列方式决定。所有树木都有年轮（图 2–8），是由细胞在每年的生长季节形成的。有些木材的纹理柔和清晰，纹理有直的、条状的、漩涡状的、皱状的、波纹状的、眼睛形的以及呈斑驳效果的等。木材的颜色有白色、浅黄色以及红色、紫色和黑色等。每种树都有其特别的纹理和颜色，而且尽管在同一种树中，这棵树和那棵树的纹路和颜色也会略有差异，但我们几乎总是可以通过纹路和颜色特征来辨别木材类型。

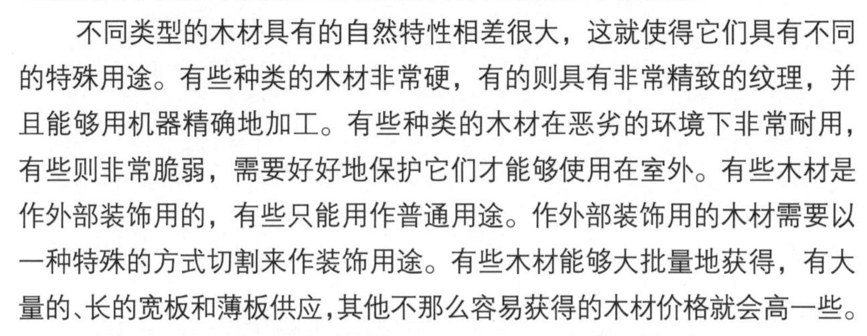

不同类型的木材具有的自然特性相差很大，这就使得它们具有不同的特殊用途。有些种类的木材非常硬，有的则具有非常精致的纹理，并且能够用机器精确地加工。有些种类的木材在恶劣的环境下非常耐用，有些则非常脆弱，需要好好地保护它们才能够使用在室外。有些木材是作外部装饰用的，有些只能用作普通用途。作外部装饰用的木材需要以一种特殊的方式切割来作装饰用途。有些木材能够大批量地获得，有大量的、长的宽板和薄板供应，其他不那么容易获得的木材价格就会高一些。

在表 2–5 中列出的是最常见的木材种类的详细资料，为我们在木材的选择与使用方面提供基本的指导。这些信息帮助我们了解木材的不同特性，根据不同的需要选择合适的木材，并且正确利用它们。

常见木材种类　　　　**表2–5**

序号	图例	名称与产地	耐用性与处理可能性	可加工性与纹理	可利用性（长木）（宽板）（胶合板）	一般用途	评注
1		花旗松 北美洲、欧洲	普通耐用 比较好	良好 良好	良好	建筑 室外细木工制品 室内细木工制品 家具 零部件	应用等级清晰，切割的成材有令人喜爱的图案。因为内含树脂，所以涂饰时要多加注意，与铁接触时要避免潮气
2		欧洲白木 斯堪的纳维亚、俄罗斯、英国	不耐用 比较好	良好 普遍	良好	建筑 室外细木工制品 室内细木工制品 楼梯	是一种通用木材，常常比欧洲红木有更多但更小的节疤。对于复杂的细木工制品形状，它很难加工出好的表面
3		黄色松木 北美	不耐用 比较好	良好 粗糙	良好	室外细木工制品 室内细木工制品 家具 制模	比其他的松木更加轻且容易造型，与其他北美软木相比有较低的缩水性，也用作雕刻和乐器
4		欧洲红豆杉 欧洲大陆、英国	耐用 不详	难加工 普通	非常有限（胶合板）	家具 室内细木工制品	漂亮的板材，只有少量与很小尺寸范围的木材可以用，板材具有装饰性，是一种非常“硬”的软木，应用上十分浪费

续表

序号	图例	名称与产地	耐用性与处理可能性	可加工性与纹理	可利用性（长木）（宽板）（胶合板）	一般用途	评注
5		美国白蜡树 北美	容易腐烂 比较好	良好 良好	良好	室内细木工制品 家具 零部件	装饰性木材，密度因种类不同而各异，密度小的木材适合做家具且容易涂饰
6		欧洲山毛榉， 欧洲大陆、英国	容易腐烂 比较好	良好 精美或普通	良好（长木）（胶合板）	室内细木工制品 家具 零部件 地板材料	清晰的奶油色或淡褐色木材，适于弯曲，耐磨
7		美国樱桃木 北美	普通耐用	良好 精美	良好	室外细木工制品 家具 零部件	令人喜爱的木材，因为有白木质的存在而产生较大的浪费。如果没有进行防UV处理，受紫外线照射时颜色会变深
8		美国榆树 北美	不耐用 差	一般 普通	有限（胶合板）	室内细木工制品 家具 零部件	一种令人喜爱的木材，质地不太粗糙，与欧洲榆木相比容易涂饰，但只有小块的板材供使用
9		南洋桐 东南亚	不耐用 良好	良好 精美	普通	模塑物 制模	用作木工制品时非常容易造型，适合于小的、准确的铸模
10		椴树 欧洲	易腐烂	良好 精美	非常有限	车削产品 雕刻品	不会污染食物，传统上用作砧板，具有柔和的纹理，适于雕刻
11		非洲桃花心木 非洲西部	普通耐用 差	一般 普通	普通	室外细木工制品 室内细木工制品 家具	比其他木材更长、更宽，性能稳定，常用来制造工作台或长凳面
12		硬质枫木 北美	不耐用 差	一般 精美	普通	家具 地板材料 车削制品	令人喜爱的木材，非常耐磨，抛光效果好，但着色效果很难令人满意
13		深红柳桉 东南亚	一般、耐用或不耐用 一般	一般 普通	良好	室外细木工制品 室内细木工制品 家具 零部件	常常被错误地认作是菲律宾桃花心木，它是一种不同种类的木材，并且特性也不同
14		欧洲橡树 欧洲大陆、英国	耐用 不详	良好 精美	不定	建筑 室外细木工制品 室内细木工制品 家具	装饰性木材，非常高的浪费率。酸性木材在潮湿的条件下会腐蚀含铁的金属而引起生锈
15		紫檀木 非洲西部	非常耐用 不详	良好 精美	有限	室外细木工制品 室内细木工制品 家具 雕刻品	具有装饰性的木材，具有良好的加工与涂饰性能，强烈的红颜色
16		枫树 欧洲大陆、英国	耐用 良好	良好 精美	普通（胶合板）	室内细木工制品 家具 零部件 车削制品	是令人喜爱的室内细木工制品木材，涂饰效果好，具有非常淡的颜色。窑干时需小心，以防止颜色变成灰色
17		柚木 缅甸、泰国	非常耐用 不详	一般 普通	良好（长木）（胶合板）	室外细木工制品 室内细木工制品 家具	令人喜爱的木材，防化学物质。在涂饰时需小心含油量，涂层前需要脱脂
18		非洲胡桃木 非洲西部	普通耐用或不耐用 差	一般 精美	有限	室内细木工制品 家具 零部件 雕刻品	表面装饰效果好，用作室内细木制品时具有良好的稳定性能，但涂层前需要脱脂

2.3 再认识木材

2.3.1 常用人造板材

木材是制作家具最常用也是历史最悠久的一种材料。几乎所有种类的木材都可以用来制作家具，但是有些木材却因其美观、耐用以及良好的实用性而深受青睐。20 世纪以前，多数家具都是由材美质坚的硬木制作的，一般极少会用胶合板。当时，优质家具木材供应充足，那些不够美观或耐用性较差的木材只用于家具的非外露部位。

随着这些优质木材变得越来越奇缺、昂贵，人们开始用更容易获得的木材，如桦木、松木、胶木和杨木等来制作家具，松木、杉木和其他价格不高的木材则用于家具非外露部位。珍稀的木材只用来制作非常高档的家具，而且通常与价格较低的木材组合使用。价格更低的中密度纤维板（MDF）、刨花板、细木工板和胶合板等人造板材料也越来越多地运用到家具等木制品的制作中。

1. 纤维板

纤维板是将树皮、刨花、树枝、果实等废材，经过破碎浸泡，研磨成木浆，使其植物纤维重新交织，再经湿压成型、干燥处理而成。

纤维板材质构造均匀，各向强度一致，不易胀缩和开裂。根据产品的密度，纤维板可分为三类：密度在 0.8 克 / 立方厘米以上的称为硬质纤维板；密度在 0.5 ~ 0.8 克 / 立方厘米的为中密度纤维板（MDF）；密度在 0.5 克 / 立方厘米以下的为软质板。常用中密度纤维板根据密度的不同可以分为 60 型、70 型和 80 型。

纤维板用途极广。硬质纤维板强度较大，可制成薄板使用，在建筑、车辆、轮船、飞机的装修以及家具制造等方面都可大显身手，如用于墙板、地板、顶棚、门窗、车辆和轮船的内壁板。中密度纤维板幅面大，板面平整、细腻、光滑，易于贴面；板边细密坚实，易加工，可以直接涂饰；板材内部结构均匀，易于铣型和雕刻，适宜制作桌腿、侧板等承重部件；同时还具有良好的声学性能，是制作音箱、乐器等的理想材料。软质纤维板主要用于建筑部门，用作隔声隔热材料。为了达到绝缘、保温、吸声效果，可用软质纤维板作墙板、间壁板和顶棚等。板的密度越小，厚度越大，吸声效果越好。

2. 刨花板

刨花板是将木材加工剩余物、小径木、木屑等切削成碎片，经过干燥，拌以胶料、硬化剂，在一定的温度下压制成的一种人造板。刨花板的幅面大，表面平整，隔热、隔声性能好，纵横面强度一致，加工方便，表面还可以进行多种贴面和装饰。刨花板除用作制造板式家具的主要材料外，还可用作吸声和保温隔热材料。各类刨花板的厚度

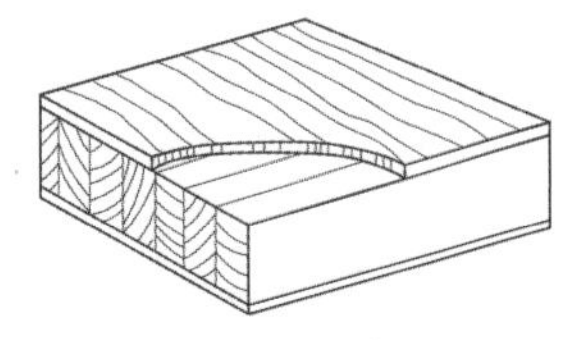

图 2-9 细木工板

尺寸有 6、8、10、13、16、19、22、25、30 毫米等，其中最常用的为 19 标准厚度（标准板）。

刨花板的问题是重量较大，握钉力较差，不宜用于潮湿处。用它制作的家具偏重，搬运麻烦。边缘部位易吸湿变形，甚至导致边部刨花脱落，影响加工质量，所以一般把它加工成大幅面的非承重部件芯层。

3. 细木工板

细木工板俗称大芯板，是由上下两层夹板、中间为小块木条压挤连接的板材（图 2-9）。与刨花板、中密度纤维板相比，其天然木材特性更顺应人类自然的要求。它的突出优点是质轻、板面平整、结构稳定、易加工、握钉力强、不变形、力学性能好，由于板材中间有空隙可耐热胀冷缩，吸水厚度膨胀率远小于中密度纤维板和刨花板，因此广泛用作板式家具的部件材料。细木工板的规格尺寸没有统一的国家标准，一般使用的厚度为 16 毫米及 19 毫米。

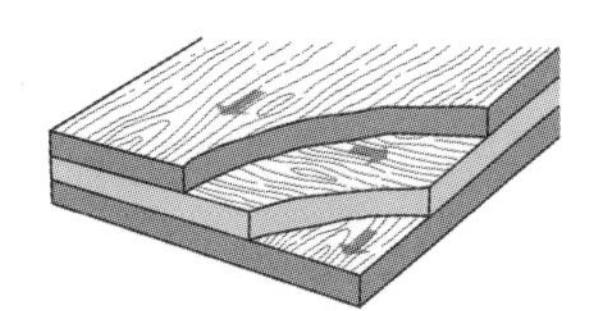

图 2-10 胶合板

4. 胶合板

胶合板是将原木蒸煮软化，沿年轮切成大张薄片，通过干燥、整理、涂胶、组坯、热压、锯边而成。木片层数应为奇数，一般为 3 ~ 13 层，胶合时应使相邻木片纤维互相垂直（图 2-10）。

图 2-11
颜色和纹理多样的薄木

胶合板幅面大，具有良好的尺寸稳定性，厚度小，表面平整，易于加工，容重轻，具有强度和耐久性好，力学性能好等优点，适用于制作大面积板状部件，如用作隔墙、顶棚、家具及室内装修等。胶合板品种很多，有厚度在 12 毫米以下的普通胶合板，厚度在 12 毫米以上的厚胶合板以及表面用薄木贴面或塑料贴面做成的装饰胶合板。

5. 薄木

薄木（木皮）是家具制造与室内装修中常用的一种木质的高级贴面材料（图 2-11）。薄木贴面工艺历史悠久，它能使零部件表面保留木材的优良特性并具有天然木纹和色调的真实感，至今仍是深受欢迎的一种表面装饰方法，广泛地应用于各种家具与木制品生产和室内装修中。薄木的种类较多，目前国内外还没有统一的分类方法。一般具有代表性的分类方法是按薄木的制造方法、形态、厚度及树种等来进行的。

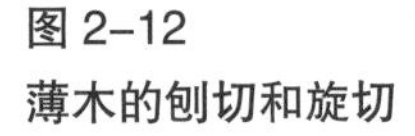

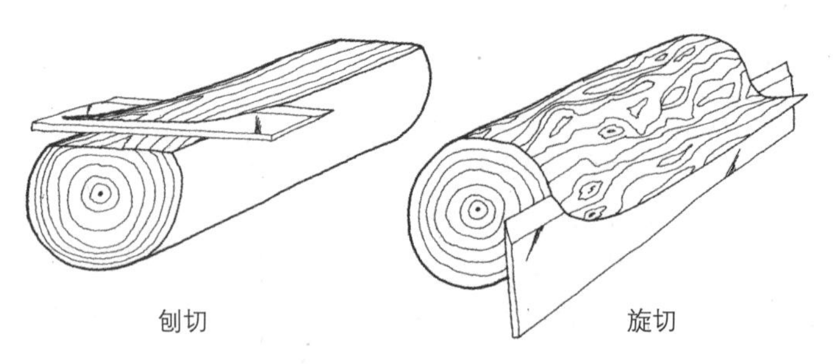

图 2-12
薄木的刨切和旋切

薄木的制造方法有很多，例如锯制薄木、刨切薄木、旋切薄木和半圆旋切薄木（图 2-12）。其中，刨切薄木是将原木剖成木方并进行蒸煮软化处理后，再在刨切机上刨切成的片状薄木。根据木方剖制纹理和刨切方向的不同又有径向薄木和弦向薄木之分。旋切薄木是将原木进行蒸煮软化处理后在精密旋切机上旋切成的连续带状薄木（弦向薄木）。半圆旋切薄木则是介于刨切法与旋切法之间的一种旋切薄木。

按照厚度来区分，薄木可以分为厚薄木、薄型薄木和微薄木。厚薄木一般指 0.5~3 毫米厚的普通薄木，薄型薄木一般指 0.2~0.5 毫米厚的薄木，微薄木一般指 0.05~0.2 毫米厚且背面粘合特种纸或无纺布的连续卷状薄木或成卷薄木。

2.3.2　其他木材派生材料

人们往往从自然界中的树木到日常生活中的木制品来认识与理解木材，随着科学技术的发展，越来越多的木材派生材料和复合材料被开发利用，如平行木片胶合木、防腐木、有机混合树脂、软木栓、塑料木材等。这些新型材料一直在发展，甚至模糊了材质之间的界限。

1. 平行木片胶合木（PSL)

将长的木头切开，然后以不同的方式重组而成的材料具有某些优势，例如平行木片胶合木（图 2-13），也被称为 PSL。生产 PSL 的原料，是长 610 ~ 2440 毫米的花旗松、黄杨和南方松单板条。这些单板条首先被烘干，再经过粘合，然后利用专利微波工艺进行压制处理，最终这些单板条被牢固地胶合在一起，得到最大长度可达 20 米的、大块的长方形板材，与用作它的原料的树相比，它更长、更厚、更坚固。

图 2-13
平行木片胶合木

PSL 是一种非常有价值的建筑材料，它是由不适宜用作其他复合板材产品生产原料的单板制成的，这使得原木能够有效地得到利用。作为一种高强度的结构板材，PSL 很适合作为建筑结构件使用。当需要建造主梁、过梁、立柱时，PSL 优异的强度使它成了建筑商的首选。建筑商使用较小的 PSL 主梁，就可以达到更大尺寸的常规木材可能达到的跨度。

PSL 的易加工性及其可以作为设计和结构主件的特点，使其在住宅和商业建筑中应用甚广。此外，它独特、诱人的平行纹理，也使它可以作为一种设计特点，出现在家庭、办公室和其他建筑物等场合。

2. 防腐木

木材是一种生物有机体，是园艺景观中最有温馨色彩、最亲和人类的材料，也是人们接触最广泛的绿色天然产品，但木材非常容易受自然季节和虫害（例如白蚁等）的侵害，使之失去原来应有的商业价值，将木材进行特殊的防腐、抗菌浸渍处理完全可以弥补这一缺陷，延长寿命并保持木材在自然景观中的美感。

防腐木加工的工艺流程包括木材精加工、装入真空压力罐、进行封闭、抽真空、注入防腐剂稀释液、升压、保压（设定时间）、排液、抽真空、出罐、烘干等。CCA 木材防腐剂是世界上效果最好、应用最广泛的水溶性防腐剂之一，它由铜、铬、砷的化合物组成，用 CCA 防腐剂处理的木材，即使环境很恶劣，也能延长使用寿命 5 ~ 10 倍以上。用 CCA 木材防腐剂处理的木材表面呈浅绿色，不影响油漆，不降低木材强度，绝缘性不减低，硬度略增加，木材阻燃性增强。

3. 有机混合树脂

这种材质并不是真正的木材，你不能去商店或木材店购买——因为它具有一种不污染环境的品质。荷兰 Droog 设计公司在材质的创新方面拓展出了一片新的领域，并且他们将这一做法运用到了自己的设计项目中。

这种公园长凳（图 2–14）将现代的生产方式与一种物质联系在一起，这种物质即是从自然界中一棵树上落下的第一片叶子开始所产生的物质。有机的物质与树脂混合在一起，产生了一种可以压缩与压制的材料。几乎任何有机的东西都可以拿来用——夏天的干草、秋天的叶子，产品可以制作与切割成特殊的长度。这是丰富的有机材质与旧技术新应用的一种完美结合。

4. 塑料木材

复合材料一般指多种材质联结在一起形成的一种具有多种特性的新材料。英国 Vita 热塑复合材料公司 PVC 分部开发了一种木塑复合材料——Timbercel，它是含 30% ~ 50%木粉的 PVC 复合材料，我们称之为塑料木材（图 2–15）。

Timbercel 具有一系列优越性，它在挤出过程中发泡，外观像木料，但又具有高分子聚合物的全部优点，例如阻燃性、低吸水性和耐用性。当木质部分有可能暴露在外部环境中并且受到风吹雨打时，这种混合材质就会显示出它的另外一种特性：它不像木材那样会腐烂，它不会坏掉，因为木材的有机微孔结构已被包覆在 PVC 母料之中。

Timbercel 可以挤压成一种有特殊断面的材料，这种材料能够像普通木材一样上螺钉、钻孔、割锯、磨砂、用胶粘剂固定连接，也能涂

图 2–14（左）
公园长凳
图 2–15（右）
Timbercel

漆、着色和涂罩光漆。Timbercel 目前可用作建筑结构材料，例如窗材料，制作窗框、压板、楣板等。总之，木塑复合材料的研发非常活跃，它预示着这个行业的前景与发展。

5. 软木

这里所说的软木（cork）与上文提及的“软木”并非同一概念，它保温、柔软、多孔而有弹性，是自然界另一种神奇的材质之一。软木，俗称木栓、栓皮，它是植物木栓层非常发达的树种的外皮产物，茎和根加粗生长后的表面保护组织。生产软木的主要树种有栓皮栎等。软木作为一种原材料，可以追溯到古希腊时代，从那时起人们就使用它们，例如渔人们用它来做浮钩。今天，世界上半数以上的软木都产于葡萄牙。葡萄牙也被称为“软木王国”，因其境内特殊的地中海式气候，适宜软木原材料的生长。同时，葡萄牙是世界上对软木资源进行开发、原材料出口以及产品深加工最早的国家之一。

以栓皮栎为例，在提取原始层以后，新的软木层就会重新长出，每棵树每次都会产出大约几百千克的软木并可以继续存活很多年。软木的采剥是一种可持续的方式，不会给树的生长带来任何伤害，它是一种完全可以再生的资源。

软木由许多辐射排列的扁平细胞组成。细胞腔内往往含有树脂和单宁化合物，细胞内充满空气，因而软木常有颜色，质地轻软，富有弹性，不透水，不易受化学药品的作用，而且是电、热和声的不良导体。

除了人人皆知的葡萄酒瓶塞外，软木在许多行业已经发展成了一种很重要的材料，其中包括建筑业、高科技产业，甚至可以说是一种时尚，被人们所推崇。软木确实解决了生活中的很多问题：密封性、绝缘性、防震性、减重、保持温湿度、有衬垫物、节约能源、承载性能好等。因为软木独一无二的特性以及其在应用上的精益求精，许多工程师、建筑师、科学家、室内设计师在很多家居用品、体育器具和休闲用品的制造上都尝试使用软木。可以说，软木产品已经广泛地应用于我们的日常生活中。

【思考题】

1. 如何对木材进行干燥处理?
2. 木材有哪几种形变，如何处理形变?
3. 木材有哪些综合特性?
4. 何为“硬木”和“软木”，其典型木材有哪些?
5. 近些年，有哪些新兴的木材派生材料? 请试举一二例。

3

第三章　木材基本加工工具与使用方法：工学益彰

【课程内容】

1. 木材加工的基本手工工具及使用；
2. 木材加工的基本机械设备；
3. 木制品加工的基本程序和方法。

【学习目的】

1. 建立正确的工具使用观念，掌握木材加工的基本手工工具及使用方法；
2. 掌握木材加工的基本机械设备及使用方法；
3. 掌握简单木制品加工的基本程序和方法；
4. 培养学生查阅资料的能力，了解木制品加工中的其他设备和成果体现。

人类除了不断地学习各种知识以外，最重要的一件事情大概就是努力学会使用各种工具。大部分人类学家相信工具的使用是人类进化史上关键的一步，由此可见工具在根本价值意义上的重要性。

工具是指能够方便人们完成工作的器具。它可以是机械性的，也可以是智能性的，但大部分工具都属于简单机械类。例如一根铁棍可以当作一种杠杆工具，力点离开支点越远，杠杆传递的力就越大。所以，从根本上说，工具无所谓好坏，关键在于人在实现其目标的过程中选择的合适性和使用的合理性。

在“材料与技术·木作”课程中，我们需要做的就是通过不断地了解工具、认识工具、使用工具、掌握工具，通过“做中学”，发挥其在设计实践中的作用。木材的加工一般采用手工加工与机械设备加工两种方式，完成一件木制品通常需要两种加工方式进行完美的结合。木材由材料到成品，其加工流程大致包括配料、构件加工、装配等多个环节，所需的加工工艺方法包括锯割、刨削、凿削、铣削、钻削、拼接以及装配等。

3.1 从基本的手工工具开始

3.1.1 划线工具

在木制品加工之前，首先要根据图纸的尺寸用划线工具在木材上划出所需加工的轮廓线。常用的划线工具包括木工铅笔、墨斗、圆规等，如表 3–1 所示。

划线工具 **表3–1**

分类	图示	说明
木工铅笔		扁形，扁铅芯，尖部是刀状，在划线时可以与尺面贴合，比较准确；同时，画出的线细，耐久，放在桌上也不易滚动
圆规	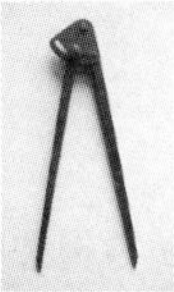  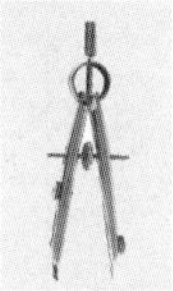	圆规有带铅芯和不带铅芯两种，带铅芯者既可量取又能划线，不带铅芯者有量取和划印记的用途

传统的加工直线形构件的方式一般是先用墨斗在木材上弹出直线的痕迹，但现在一般直接用木工铅笔划出下料的界线，既快速又方便。在加工曲线形的构件时，需按照尺寸用圆规画出曲线的轮廓，以此作为下料的界线。

划线的准确度，主要靠量具的正确运用以及划线的规范性。通常在划线时要有工艺的规范要求，如刨料、锯料粗加工时，需要留线，又如刨料、凿榫眼和锯料细加工时，也要根据结合部位的大小尺度讲究吃线和留线。

3.1.2 量具

在木材加工过程中需要对木材进行尺寸的测量，因此，度量工具是必不可少的。在制作木构件时，需用量具来测量木材的尺寸，如长度、宽度、高度、角度、弧度等，另外，部分量具也是划线时的检测工具，用于确定是否垂直与水平。常用的量具有钢卷尺、钢直尺、三角尺、直角尺、角度尺等，如表 3–2 所示。

在此，需要注意的是，很多人都认为游标卡尺也是量具中的一个组成部分，其实它是金属和塑料模型工件制作中的量具，并不属于木工类的量具。

量　具　表3–2

分类	图示	说明
钢卷尺	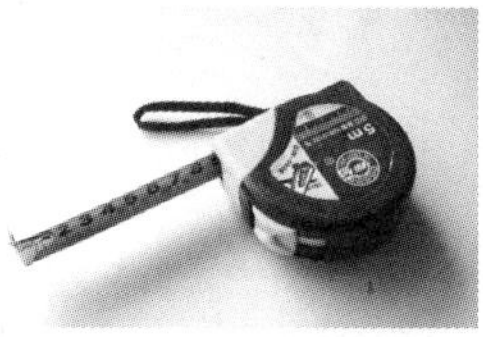	一般用于测量较长的构件或距离，方便携带
钢直尺	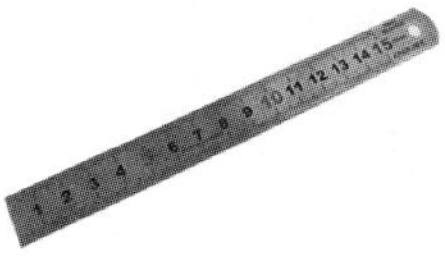	量取所需加工构件的尺寸，精度较高，也适用于木工校对和复核部件尺寸
直角尺		用于划垂直线、平行线及检查是否平直，检查角度是否垂直
45° 角尺		使用时使尺柄贴紧构件的边，可画出45°角及垂线
活动角度尺	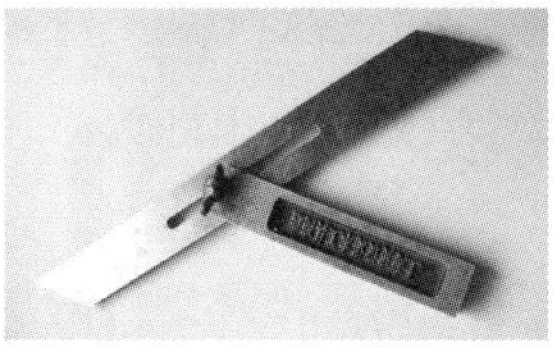	可任意调整角度划线
量角器	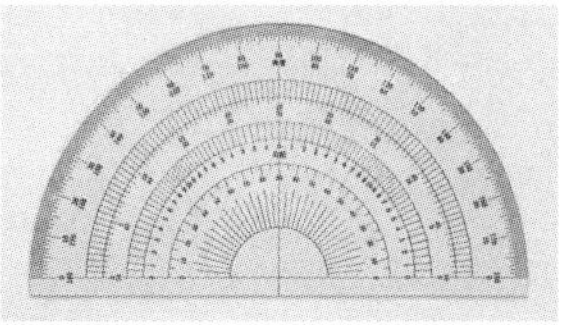	用于直接测量、检验和等分工件上的各种角度，并且可与活动角度尺配合

3.1.3　手工锯割工具

木材锯割的主要工具是各种结构的锯子，利用带有齿形的薄钢带锯条与木材进行相对运动，连续地割断木材纤维，从而完成木材的锯割操作。手工锯割工具，常用的有框锯、钢丝锯、板锯、侧锯等，如表 3–3 所示。

手工割锯工具　　　　表3-3

分类	图示	说明
框锯	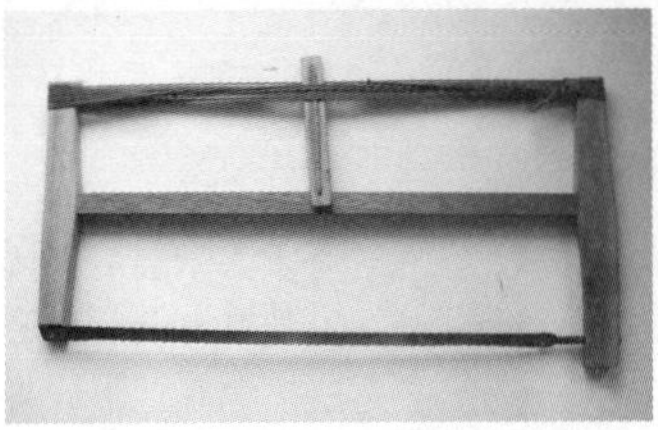	由工字形木架和锯条等组成，木架一边装锯条，另一边装麻绳用绞片绞紧，或装钢串杆用蝶形螺母拧紧，也有用吊绳拉紧的。框锯按其用途不同，分为纵割锯（顺锯）和横割锯（截锯）。纵割锯用于顺木纹纵向锯开，横割锯用于横木纹锯断
钢丝锯	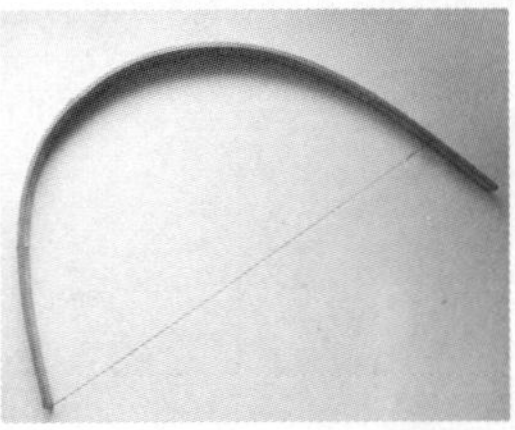	适用于锯弧度过大的曲线，还可切割细小空心花饰
板锯	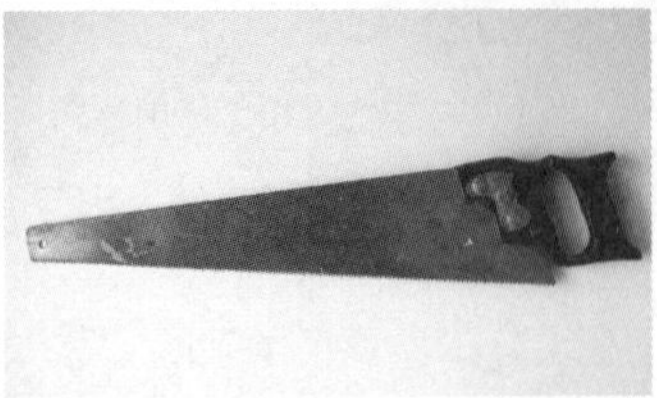	适用于木框锯不便锯割的宽大木质板材
侧锯	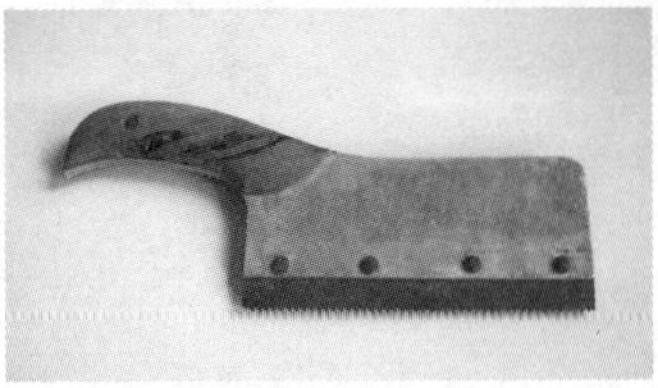	这种锯的锯齿很细，锯条是镶嵌在一块连有手柄的木板上，用铆钉固定，它专门用于开榫槽和在宽阔的木料上开槽，使用方便

3.1.4 手工刨削工具

刨削是木材加工的主要工艺方法之一。木材经过锯割后的表面一般较粗糙且不平整，因此必须进行刨削加工，以获得尺寸和形状准确、表面平整光洁的构件。

刨子是用来刨直、削薄、出光、作平物面的一种木工工具。一般由刨身（刨堂、槽口）、刨刀片（也叫刨刃）、楔木等部分组成。根据刨削平、直、圆、曲的各种不同需要，刨子有许多种类。常见的有平刨、曲面刨、花色刨、滚刨等，如表 3-4 所示。其中平刨又有长平刨和短平刨之分，长平刨能将木料上的大面刨平、长边刨直，短平刨主要用于局部。花色刨又分为槽刨、边刨、线刨等。

手工刨削工具 **表3–4**

<table>
<tr><th colspan="2">分类</th><th>图示</th><th>说明</th></tr>
<tr><td rowspan="2">平刨</td><td>长平刨</td><td> </td><td rowspan="2">木工平刨的刨体由槽钢、角铁、钢管把手、刨刀及定位螺钉组成。这种木刨结构紧凑，耐磨损，精度高，调节灵活，不塞刨花，原料易得，坚固耐用</td></tr>
<tr><td>短平刨</td><td> </td></tr>
<tr><td colspan="2">曲面刨</td><td> </td><td>用于刨削弯曲形的构件</td></tr>
<tr><td rowspan="3">花色刨</td><td>槽刨</td><td> </td><td>在木料上刨削沟槽的工具，可刨沟槽的宽度一般为3～10毫米，深10～15毫米</td></tr>
<tr><td>边刨</td><td> 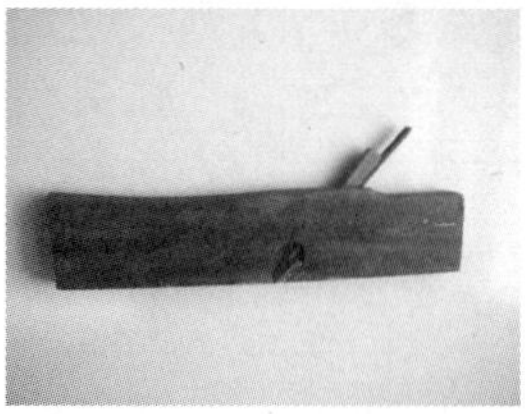</td><td>刨底装有一个可调节的木档架以控制刨削的宽窄尺寸，主要用于刨削木质模型工件上的企口槽</td></tr>
<tr><td>线刨</td><td> </td><td>在制作门框时用来起线条</td></tr>
<tr><td colspan="2">滚刨（铁柄刨）</td><td> </td><td>手柄左右相连，一字形，适用于刨削曲面的手工工具</td></tr>
</table>

3.1.5 手工开孔工具

木制品构件之间相结合的基本形式是榫接结构，因此，在木制品构件上开出榫孔的凿削工艺是木制品成型加工的基本操作之一。木材凿削加工时的主要工具是各种凿子，利用凿子的冲击运动，使锋利的刃口垂直切断木材纤维而进入其内，并不断排出木屑，逐渐加工出所需的方形、矩形或圆形的榫孔。

手工开孔工具可分为凿、铲类工具，如表 3–5 所示。凿、铲的种类很多，使用凿、铲类工具可在木料上开凿和铲削出不同形状的槽、通孔或盲孔。

手工开孔工具 **表3–5**

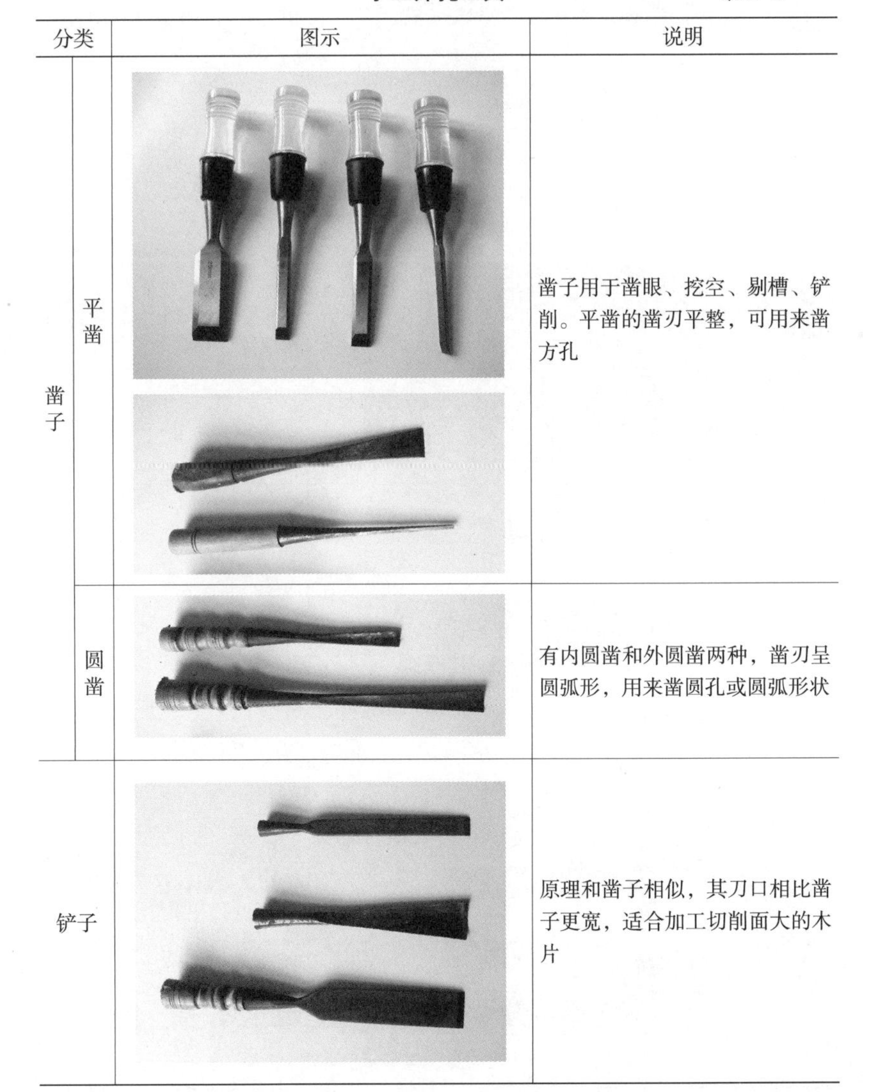

分类		图示	说明
凿子	平凿		凿子用于凿眼、挖空、剔槽、铲削。平凿的凿刃平整，可用来凿方孔
	圆凿		有内圆凿和外圆凿两种，凿刃呈圆弧形，用来凿圆孔或圆弧形状
铲子			原理和凿子相似，其刀口相比凿子更宽，适合加工切削面大的木片

3.1.6 其他辅助工具

在进行木制品加工的过程中，辅助工具也是不可缺少的一部分，它们能配合锯刨削等工具一起顺利完成木制品的加工。常见的有扳手、旋凿、钢丝钳、榔头、斧头、锉刀、木榔头、木工夹具和木砂纸等，如表 3–6 所示。

其他辅助工具 **表3–6**

分类	图示	说明
扳手		用于紧固或松卸螺栓的装配工具
旋凿	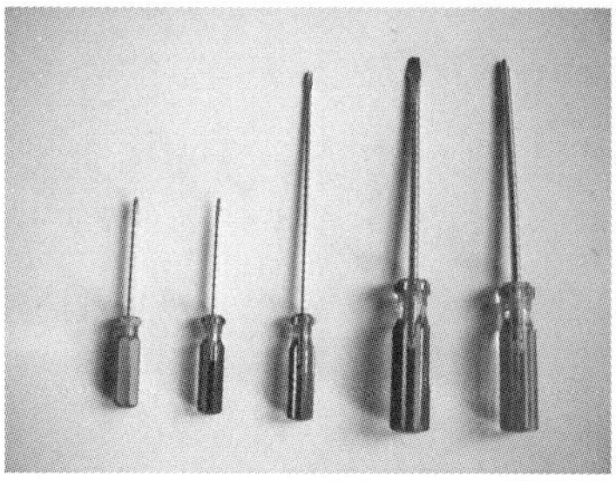	用于紧固或松卸各种规格的木螺钉
钢丝钳	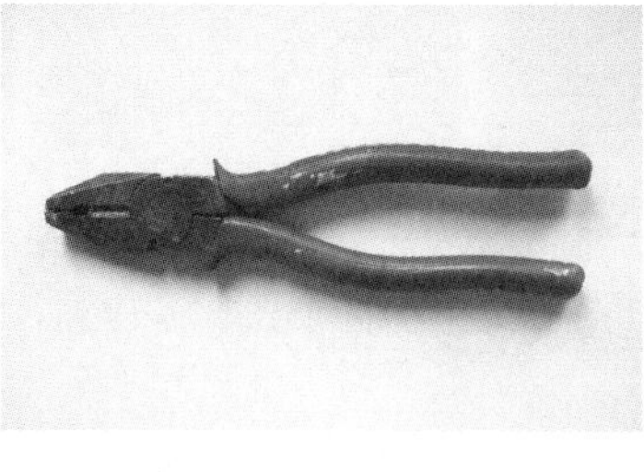	方便拔出或剪断金属圆钉
榔头		榔头又称手锤，分别为方头锤和羊角锤，在木制构件的组装过程中具有敲击的功能。羊角榔头一头用于击打，另一头可拔起金属圆钉。榔头用于整形、连接木制工件等操作

续表

分类	图示	说明
斧头	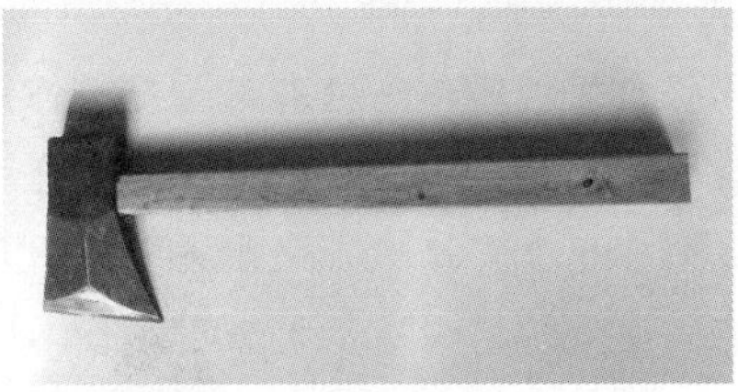	用于木制构件的凿孔及木料的粗加工
锉刀	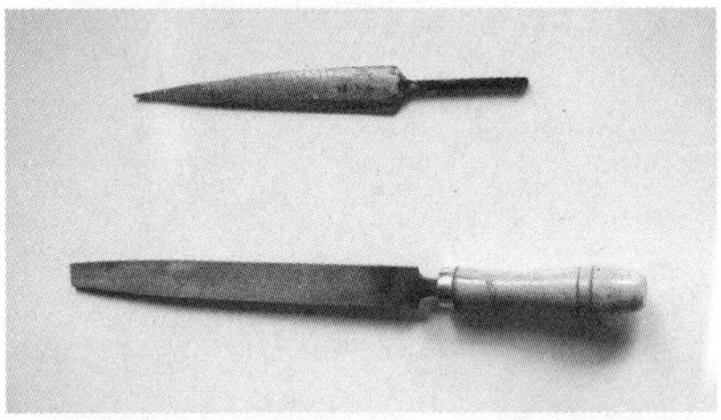	锉刀分为钢锉和木锉。在现代木作加工中，钢锉也同样适用于木制品的加工，使用不同形状的锉刀可以精细修整木制构件的边、孔及不规则的表面
木榔头	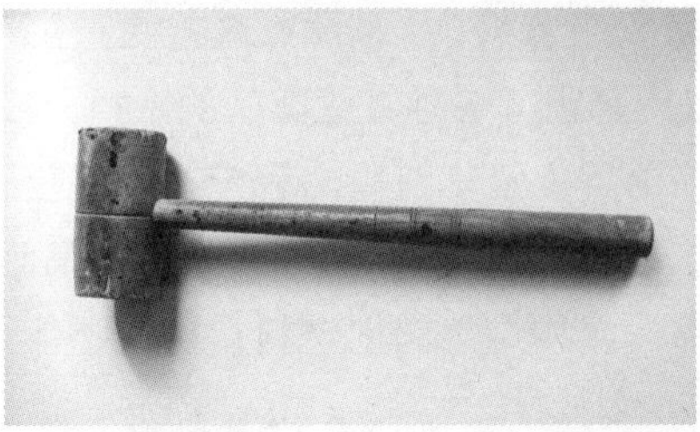	用于木制构件之间的组装，非常轻便，敲打时不伤木材
木工夹具	 	可快速夹紧并锁紧所需要的构件，使其得到固定
木砂纸	 木砂纸 GLASS PAPER 帆篷牌 SAIL BRAND NO. 2 中国制造 MADE IN CHINA	打磨木制品，使其表面更加光洁平整

3.2 认识基本的木材加工机械设备

木工手工工具虽然在木作加工过程中有着非常重要的作用，但是手工工具加工毕竟存在着效率低、劳动强度大等问题。现在许多工厂在锯、刨、车、铣、磨等系列加工上，基本都采用了机械设备，手工劳动的比重大大减少。因此，使用机械设备加工成了现在木作加工的重要环节，可不断减轻操作人员的劳动强度，提高生产效率和产品质量。下面着重介绍一些使用较普通、构造简单、效率较高的木作加工机械设备。

3.2.1 机械锯割设备

木材加工中常用的机械锯割设备一般可分为圆锯机（图 3–1）和带锯机（图 3–2）两大类。圆锯机是利用高度旋转的圆锯片对木材进行锯割的机床，其结构简单，安装容易，操作和维修方便，生产效率高，因此应用广泛。圆锯机可以用来锯割各种直线类型的木材。在锯割前，先将导板校调至所需尺寸，再用支紧螺钉将它固定在丝杆上，然后开动电动机，等锯片正常运转后，可将木材平放在台面上紧靠活动靠板，用木料或其他工具顶住工件一端均匀地向前送料，切记不能直接用手推，这样存在着安全隐患。

带锯机是将一条带锯齿的封闭薄钢带绕在两个锯轮上，使其高速移动，实现木材的割据，在这种机床上，不仅可以沿直线锯割，还可以完成一定的曲线锯割。因其锯条形状像带子，锯条比较狭窄，可以锯割曲线和不规则形状的工件，因此在一般木加工中运用比较多。带锯机一般为手工操作，锯割较大工件时应配备两个人，上下配合。进

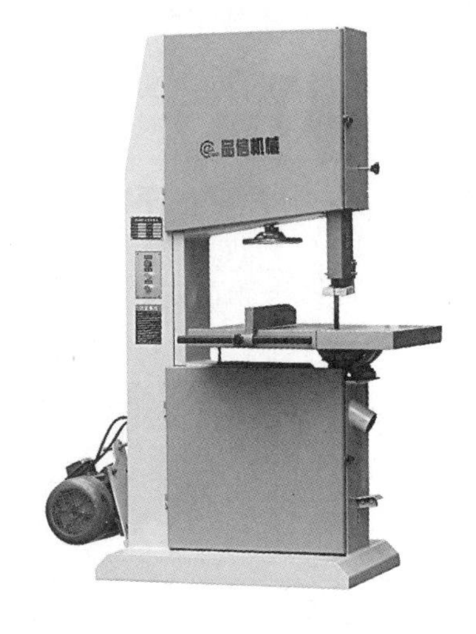

图 3–1（左）
圆锯机
图 3–2（右）
带锯机

行直线锯割时，上手将工件把稳，贴紧锯边，水平地向前推进，副手可在对面接稳并轻拉工件，辅助上手操作。进料速度应根据材料性质和工件大小适当控制，禁止猛推猛拉和碰撞锯条。

另外还有一种手持电动工具——木工手电锯，包括手动曲线锯和手动圆锯机，它们携带方便，能够非常灵活地完成木材的锯割，如表 3–7 所示。

木工手电锯的分类　　　　　　　　表3–7

名称	手动曲线锯	手动圆锯机
图示		
用途	可灵活地在板材上按曲线进行锯切	可灵活地在板材上进行锯切

3.2.2　机械车削设备

机械车削设备中最常用的就是木工车床，如图 3–3 所示。木工车床是木加工中一种比较常见的专门设备，可车削木模型和模具中外径呈圆形的各种圆盘、圆柱、圆锥、端面及内孔等，是木制品制作中重要的机械加工设备。

在操作前，先要将工件夹牢，对于较长的圆柱形工件，一定要先把两个端面锯平，这样才便于安装顶针铁板。螺钉必须旋牢，前后顶针夹持工件不能太紧，在固定顶针的尖端要加少许机油，有利于工件转动。刀架位置应稍微低于加工件的中心线，与工件的距离以 3 ~ 5 毫米为宜。车削时，应先粗车后精车，根据工件的形状选择相应的刀具加工。

图 3–3　木工车床

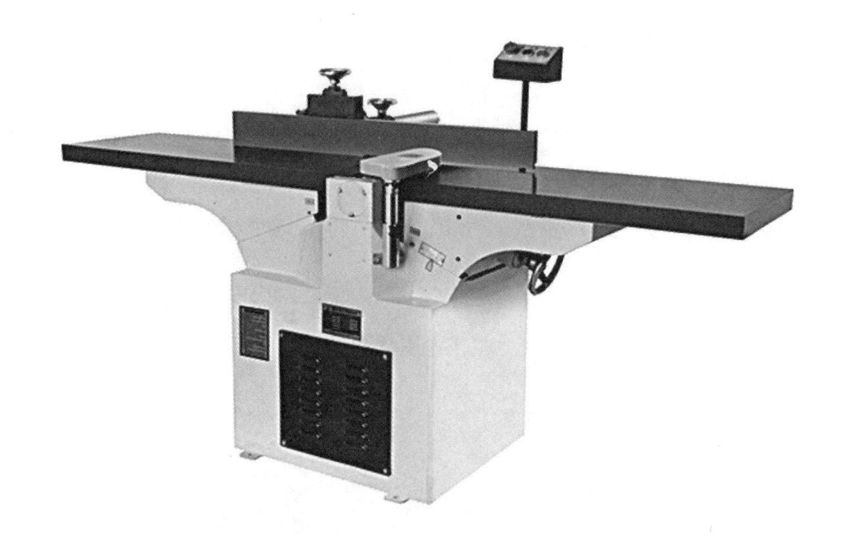

图 3-4　木工刨床

木工车床使用的车削刀具形状也有很多，可加工形状不同的构件，一般也可用旧平板钢锉磨制或将凿、铲直接当刀具使用。

3.2.3　机械刨削设备

如图 3-4 所示，木工刨床是机械刨削设备中最常用的一种，它通过刀轴带动刨刀高速旋转来进行切削加工。由于加工件的工艺要求不同，木材刨削机床有多种形式和规模，一般可分为平刨床和压刨床两大类。木工刨床主要用于刨削粗糙不平或翘曲与弯曲的木料表面，使其能达到工艺要求。在此要注意的是，太薄或者太短的木质材料不能加工，容易发生事故。

木工手电刨则是一种便携式木工机械设备，如表 3-8 所示。操作时，应先启动后接触所需刨削的工件，工件要固定牢固，防止滑脱，并且不能与电刨站立于同一直线上，防止工件滑脱向前飞出伤人。

木工手电刨　　表3-8

名称	图示	用途
手电刨		对木板的毛料进行刨削，灵活、方便

3.2.4 机械铣削设备

在木材成型加工中，凹凸平面、弧面和球形面等形状的加工是较为普通的，其加工工艺比较复杂，一般需要在铣削设备上完成。在铣削设备中最常用的是木工钻铣床，如图 3–5 所示。木工钻铣床是制作木模型工件的重要加工设备，钻铣床工作台可纵、横向移动，主轴垂直布置，通常为台式，机头可上下升降，具有钻、铣、削、磨、攻丝等多种切削功能。

图 3–5 钻铣床

它能完成各种不同的加工，例如直线成形表面（裁口、起线、开榫和开槽等）的加工和平面加工，甚至可以用于曲线外形加工。在钻铣削时，要根据不同工件的加工要求选用适合的钻铣削刀具，在加工之前要把工件夹牢，放平稳，钻铣削过程中速度要均匀。

另一种便携式的机械钻铣设备是手持电钻，如表 3–9 所示。

手持电钻 表3–9

名称	图示	用途
手持电钻		配有不同型号的钻头，换用不同直径的开孔钻头可在木料上钻削出不同直径的通孔或盲孔，使用中灵活、方便

3.2.5 其他机械设备

木制品加工中的其他机械设备还有很多，这里只简单介绍两种，如表 3–10 所示。

机械辅助设备 表3–10

名称	图示	用途
手持电动打磨机		对制作完成的构件进行打磨，能够提高构件表面的精度值，它的砂纸是可以更换的，体积小，使用方便

续表

名称	图示	用途
电动修边机		配有各种形状的金属切削头，将电动修边机安装在侧铣平台上可在板材的边缘或表面加工出不同样式的边角

3.3 工学益彰：做一件漂亮的木制品

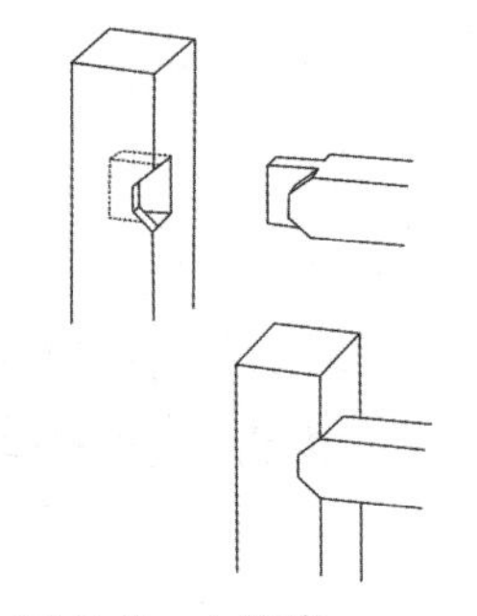

图 3-6 小格肩

将木材的基本知识、基本加工工具等逐一介绍完毕后，才是我们准备真正认识、体验“材料与技术・木作”的开始。将书上的知识、他人介绍的知识转变为自己的知识与能力，必须要通过实践活动；在触碰工具的过程中学习知识，在学习知识的过程中熟习工具，这是一个朴素、简单的道理。如果，我们试图从一个家具作坊的学徒成长为一名家具设计大师，那么，不妨从一个木榫、一张小凳子的制作开始体悟“工学益彰”的设计实践之路。

3.3.1 格肩榫的制作

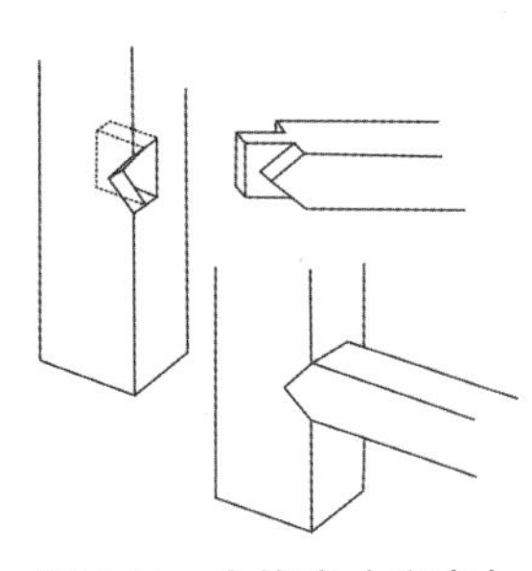

图 3-7 大格肩（实肩）

榫卯结构是实木家具中使两个构件相连接的一种凹凸处理接合方式。凸出部分叫榫（或榫头）；凹进部分叫卯（或榫眼、榫槽）。在我国传统家具中，方材的丁字形接合一般使用“格肩榫”，它又有“小格肩”和“大格肩”之分。所谓“小格肩”，如图 3-6 所示，是将格角的尖端切去一部分，这样，在竖材上做卯眼时可以少凿去一些，进而提高竖材的坚实程度。所谓“大格肩”，又分为带夹皮和不带夹皮两种。其中，格肩部分和长方形的榫头贴实在一起的，如图 3-7 所示，为不带夹皮的大格肩榫，它又叫“实肩”。格肩部分和长方形的榫头之间还剔凿开口的，如图 3-8 所示，为带夹皮的大格肩榫，它又叫“虚肩”。带夹皮的大格肩榫由于“虚肩”，加大了胶着面，比不带夹皮的大格肩榫要坚固些。但如果本身用材不大，这种做法则会因剔除木材较多，反而对坚实有损。

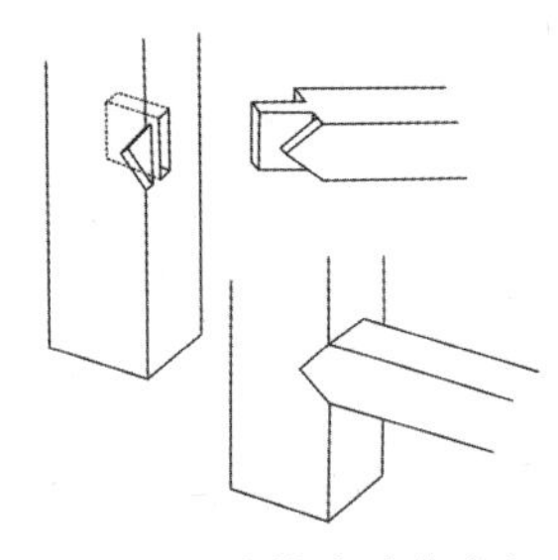

图 3-8 大格肩（虚肩）

下面仅以带夹皮的大格肩榫为例，讲述木榫的基本制作方法（表 3-11）。

格肩榫的制作过程　　　　表3–11

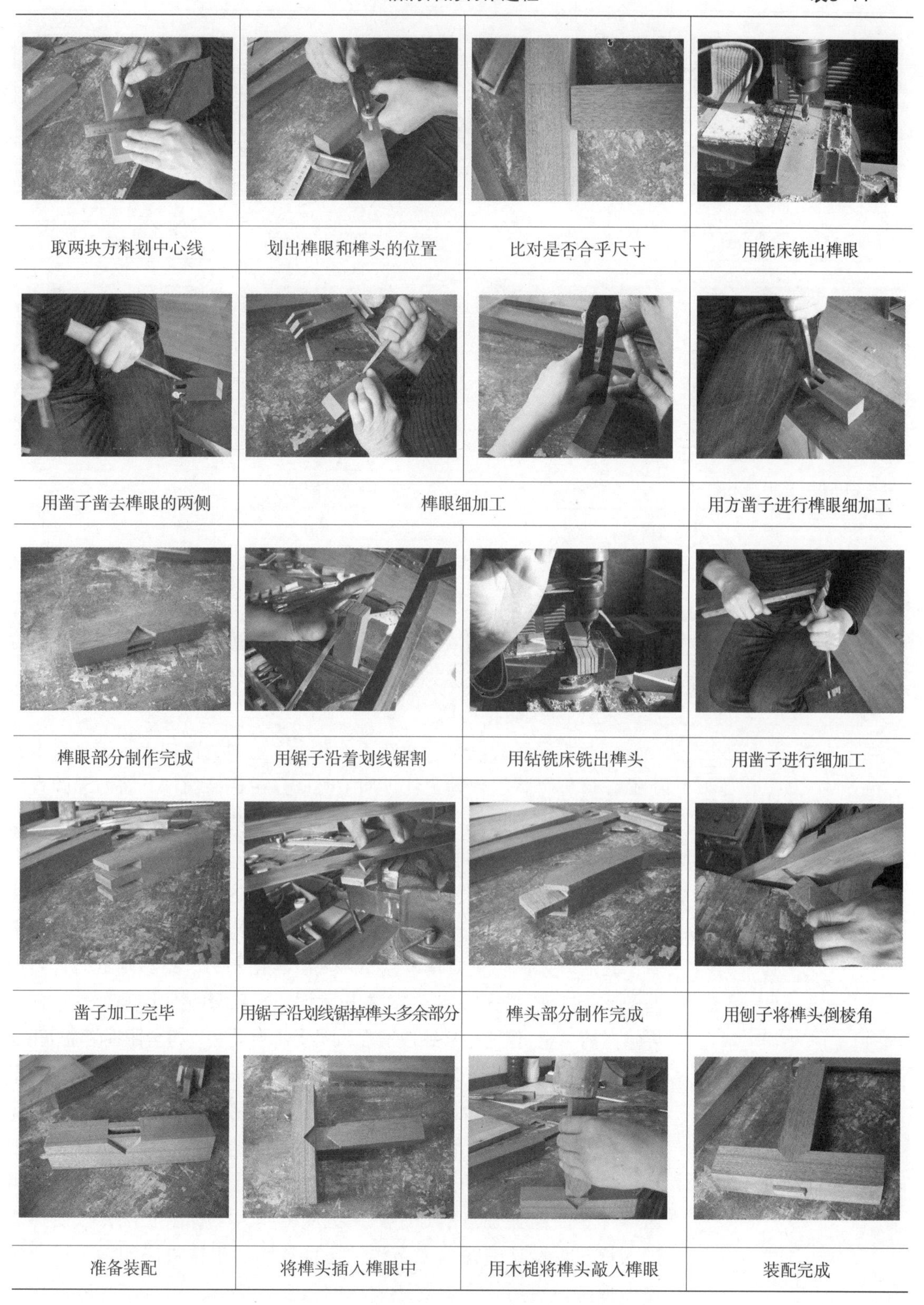

取两块方料划中心线	划出榫眼和榫头的位置	比对是否合乎尺寸	用铣床铣出榫眼
用凿子凿去榫眼的两侧	榫眼细加工		用方凿子进行榫眼细加工
榫眼部分制作完成	用锯子沿着划线锯割	用钻铣床铣出榫头	用凿子进行细加工
凿子加工完毕	用锯子沿划线锯掉榫头多余部分	榫头部分制作完成	用刨子将榫头倒棱角
准备装配	将榫头插入榫眼中	用木槌将榫头敲入榫眼	装配完成

续表

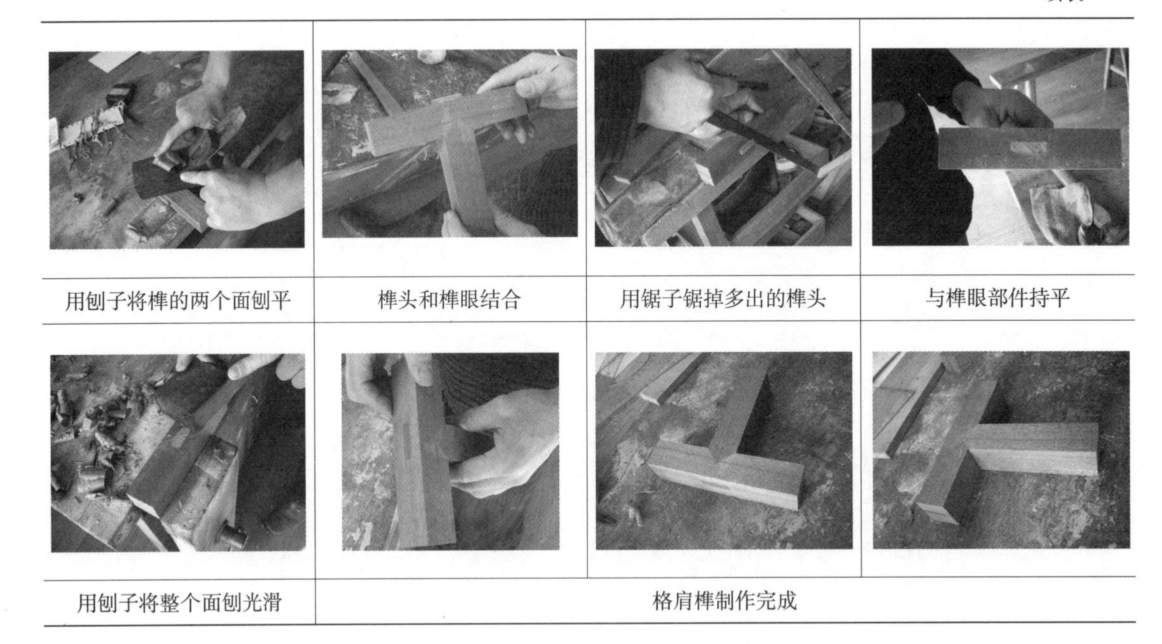

用刨子将榫的两个面刨平	榫头和榫眼结合	用锯子锯掉多出的榫头	与榫眼部件持平
用刨子将整个面刨光滑	格肩榫制作完成		

1. 选取两段制作好的长度适宜的木构件，根据尺寸画出榫眼、榫头的位置。

2. 根据榫眼的宽度选择相应尺寸的铣刀进行加工。根据划线的位置铣出榫眼，需要注意的是：榫眼的宽度要与铣刀的尺寸相一致。此步骤完成了榫眼的粗加工。

3. 用凿子。先将木料放在工作凳上，打眼的面向上，人坐在木料上面，这样可将工件固定住。加工时一只手握持凿柄，将凿子的直面对齐榫眼一端的界线，另一只手持榔头击打凿柄的顶部，击打时凿要扶正、扶直，锤要打准、打实。

用锤要着力，使凿刃垂直进入木料内，这时木料纤维被切断，凿子打进一定深度后晃动拔出，向前移动凿子继续击打剔除该位置的木屑，之后就如此反复打凿及剔出木屑，当凿到另一条线附近时，要把凿子反转过来，凿子垂直打下，剔出木屑。当孔深凿到木料厚度一半时，再修凿前后壁，但两根横线应留在木料上不要凿去。打全眼时（凿透孔），应先凿背面，到一半深，将木料翻身，从正面打凿，这样眼的四周不会产生撕裂现象。之后再进行榫眼的细加工，用小凿子进行适量地修整。

4. 榫眼制作完成后，要制作与之相结合的榫头。首先用锯子按划线位置锯割出榫头的形状。锯榫的时候要留出加工余量，然后再用凿子修整。需要注意的是：榫头宽度要稍大于榫眼长度，以便榫头进入榫眼后比较充盈，使两构件连接牢固。用钻铣床和凿子配合制作出榫头，再用锯子沿划线锯掉榫头多余部分，这样榫头就制作完成了。

5. 榫头倒棱角。在制作榫头的时候，很多人都会忽视掉一个环节，那就是榫头要倒棱角。棱角可以使榫头在敲入榫眼的时候更加顺利、紧凑。

6. 榫头和榫眼制作完成以后，用平铲将内、外表面的凿痕、锯痕修整平滑。

7. 榫接合。将榫头对准榫眼，用木榔头逐渐用力击打直至榫头完全进入榫眼，避免损伤构件表面，然后用刨子刨平榫的两个面。需要注意的是：在制作通榫的时候，榫头的长度要多出榫眼的深度，这样可以避免制作完成的榫因为尺寸偏差而使榫头顶端不能与榫眼底部持平。最后用锯子将伸出榫眼底面的多余榫头锯平，再刨削成一个光洁面，这样一个漂亮的木榫就制作完成了。

3.3.2 规矩方圆的木板凳

下面以“小木凳”为例，如图 3-9 所示，介绍木材从原料到成品的加工方法，在制作过程中也可清晰地了解木作工具的使用方法。一张小木凳是由若干个构件通过榫卯的形式组合而成的，它的加工过程可分为三个大的步骤：配料—构件加工—装配。

3.3.2.1 配料

这只小木凳由三个构件组成：凳面、凳腿和腿之间起固定作用的横档。这些构件的尺寸都是不同的，因此要按照实际图纸的尺寸进行加工，确保在构件组合时更为精确（表 3-12）。

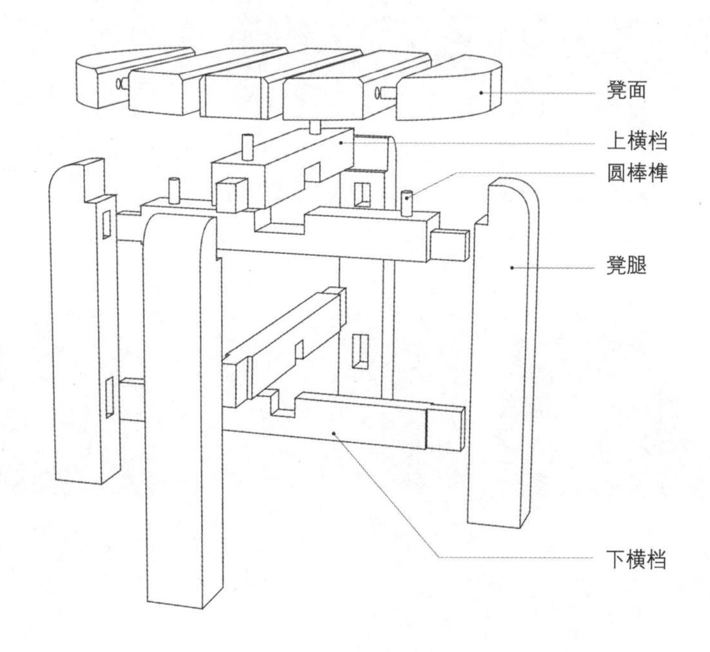

图 3-9 小木凳爆炸图

小木凳的配料过程　　表3-12

选材	用圆锯机锯木条	用手电刨对毛料进行刨削	用手工刨进行修整
调整圆锯机的尺寸	用圆锯机对毛料进行加工	用圆锯机对木料进行切割	用直角尺测量木条各面是否垂直
将两个基准面做好记号	用手工刨进行精修	用眼睛看两个面之间的那条棱角线，来确定该木条是否垂直	重新定型加工
重新定型加工			
重新定型加工		用木工车床加工圆棒	配料完成

1. 首先选择足够的木料，根据图纸尺寸用圆锯机将原材料锯成不同尺寸的木段。所谓的配料就是将木材锯割成所需要的各种尺寸规格的毛料。在此过程中，要对木材进行选择，在圆锯机切木材时要看木材的各个面，看哪边的纹理比较好，如有木节、虫蛀等疵病，要舍去。另外，要选择纹理通直的木材，这样，材料不容易变形。

2. 将切好的木段毛料平放于工作台上，一端固定，用手电刨对毛料的四个面进行刨削，再用手工刨对其表面进行修整。刨削时应顺着木纹的纹路，否则会影响木材表面的光滑度。手工刨在刨削时双手的食指与拇指压住刨床，其余三手指握住刨柄，推刨时刨子要端平，两胳臂必须强劲有力，不管木材多硬，应一刨推到底，中途不得缓劲、手软。在木作加工中，工具也要进行保养，手工刨是用木头制作而成，底平面要经常进行修整。

3. 在四个面刨平之后，再用圆锯机对毛料进行加工。加工之前必须在机器上调整好所锯木条的尺寸（这里的尺寸必须要预留加工余地）。锯木条时要用木料或其他工具顶住工件一端均匀地向前送料，切记不能直接用手推，这样会存在安全隐患。

4. 将构件放到工作台上进行加工。用手工刨进行加工时，先要刨好相邻的两个面，以便做好 90 度的基准面，并将两个基准面做好记号。刨构件时要时常用直角钢尺检查两个面，钢板尺与被刨削的平面之间有无缝隙。查看过程中要多找几个观测点进行测量，确保两个相邻面相互垂直，并且必须用眼睛看两个面之间的那条棱角线，一根木条直不直要看棱角线，而不是看两个平面。

5. 重新定型加工。这个环节是对各个构件的宽度和厚度给予确定，一般所谓的定型尺寸也就是和实际图纸尺寸相比再预留半毫米。

6. 圆棒的制作。圆棒是用于小木凳凳面和凳腿之间的连接，制作圆棒时需要木工车床进行加工。

7. 配料完成。

3.3.2.2　构件的加工

在配料完成后需要对构件进行平面加工、开榫、打孔等，加工出所需要的形状、尺寸、结构的木构件。小木凳由四个部分组成：凳面、凳腿和上下横档。因此，在构件加工的时候，要对不同部件作不同的标记，以免混淆（表 3-13、表 3-14）。

1. 画线。使用钢直尺、直角尺和木工铅笔在构件上划出具体加工的定线。相同形制的构件可通过直角尺将两端对齐垂直，统一划线，这样可以确保相同构件的尺寸的精确性。在画榫眼时，在榫眼的位置要用“X”作标记，这样可在加工过程中一目了然。

凳腿和上下横档的加工过程　表3–13

配合使用直尺和直角尺画线　用圆锯机裁去多余的部分　将相同形制的构件并排作垂直定位，统一划线

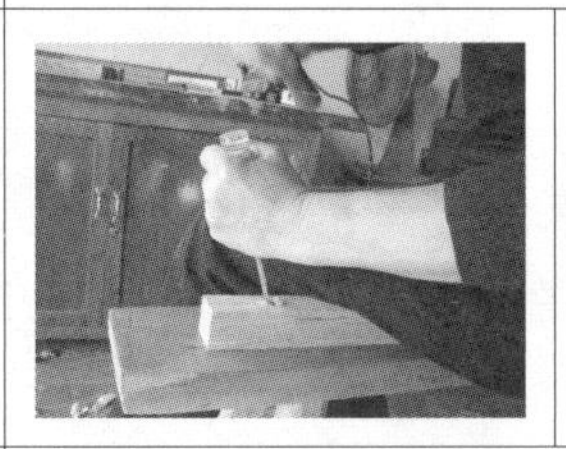

画出榫头和榫眼的位置，在榫眼的位置要用“X”作标记　使用凿子凿出榫眼，也可配合钻铣床

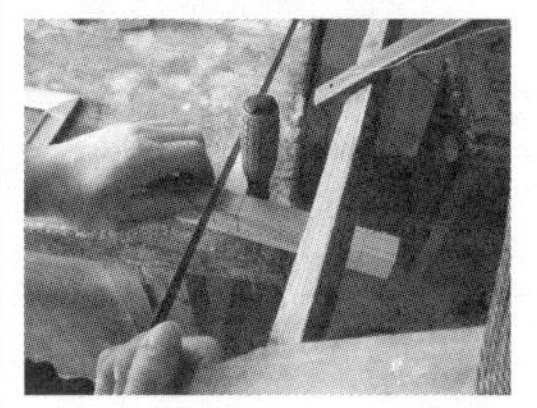

带榫眼的构件加工完成　横档工件划线　用框锯锯出榫眼的边界

用凿子对榫眼进行修整　用框锯锯出榫头的边界　用框锯锯掉多余的部分

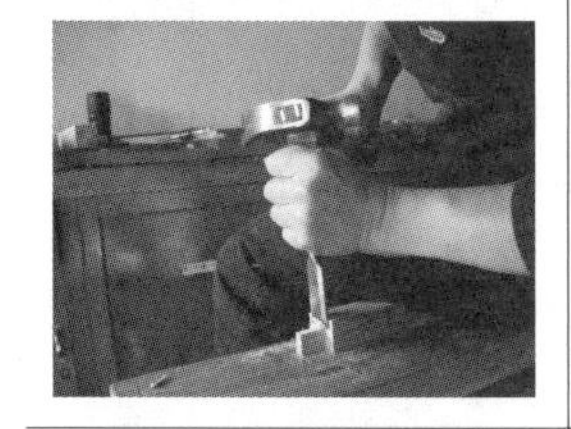
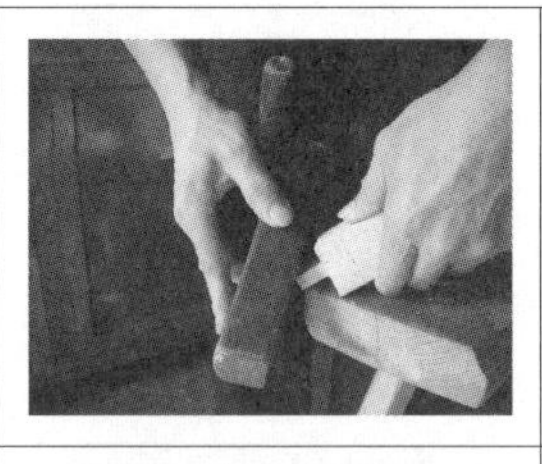
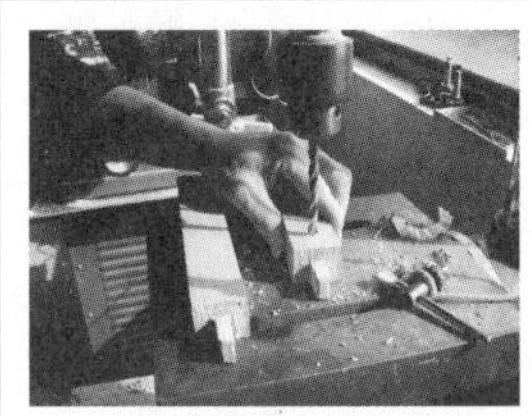
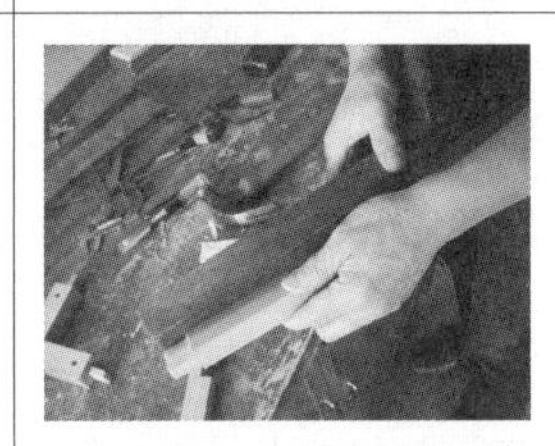

用凿子对榫头进行修整　用刨子将榫头倒棱角　用钻铣床对横档打圆孔　用刨子将工件倒棱角线

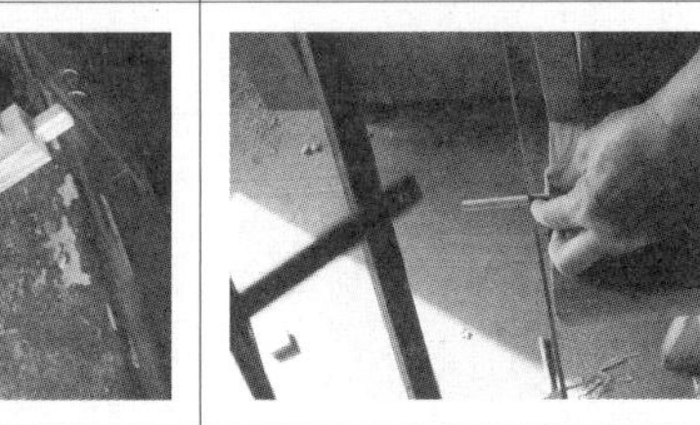

将横档十字交叉扣合　横档制作完成　根据实际圆孔的深度，用锯子锯割一定长度的圆棒

续表

将圆棒插入横档的孔内	依尺寸画出凳腿的加工弧线	用锯子将棱角锯掉	用刨子沿着划线进行粗加工
用锉刀进行修整	用小圆刨倒棱角线	弧面的棱角线用锉刀进行修整	凳腿加工完成

凳面加工过程 **表3–14**

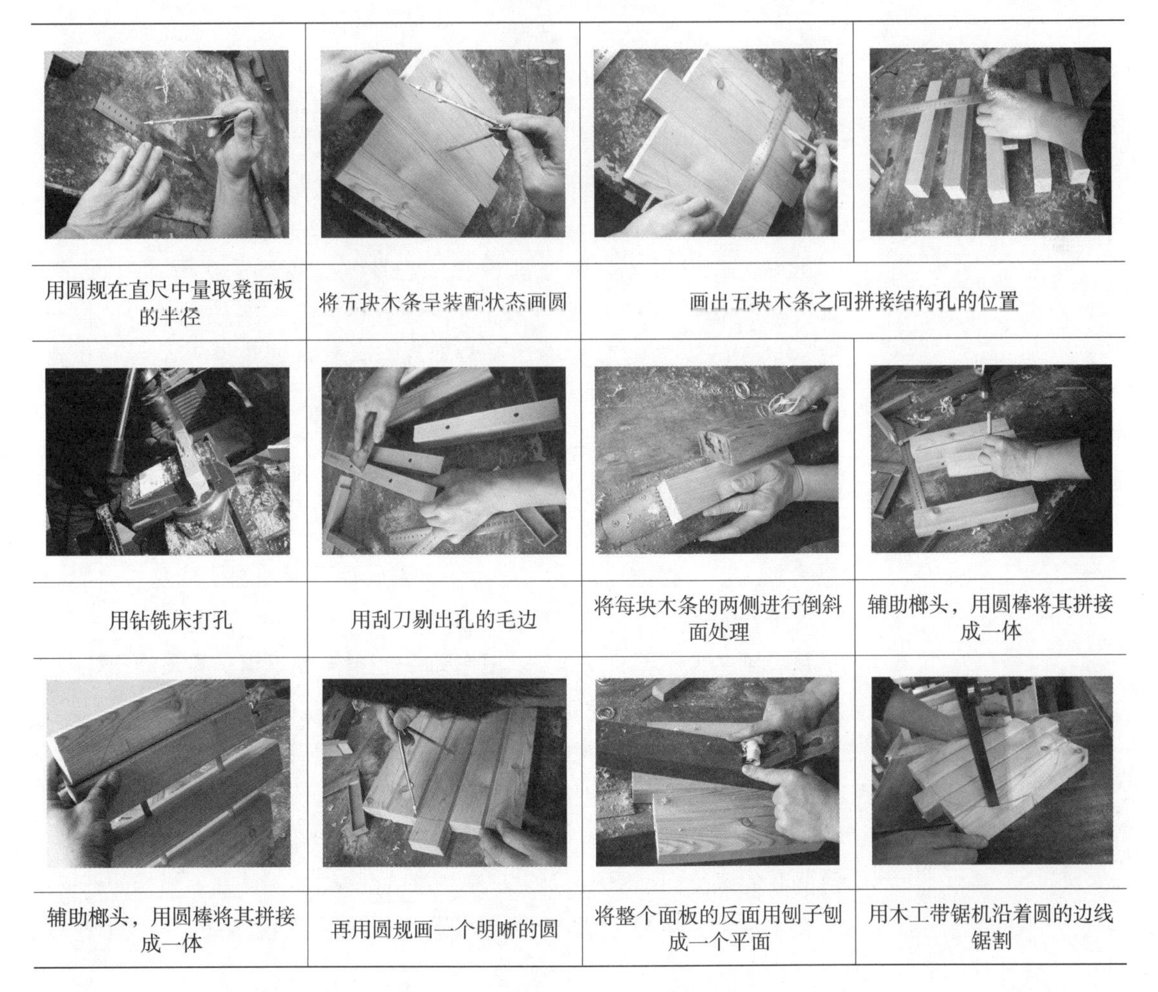

用圆规在直尺中量取凳面板的半径	将五块木条呈装配状态画圆	画出五块木条之间拼接结构孔的位置	
用钻铣床打孔	用刮刀剔出孔的毛边	将每块木条的两侧进行倒斜面处理	辅助榔头，用圆棒将其拼接成一体
辅助榔头，用圆棒将其拼接成一体	再用圆规画一个明晰的圆	将整个面板的反面用刨子刨成一个平面	用木工带锯机沿着圆的边线锯割

续表

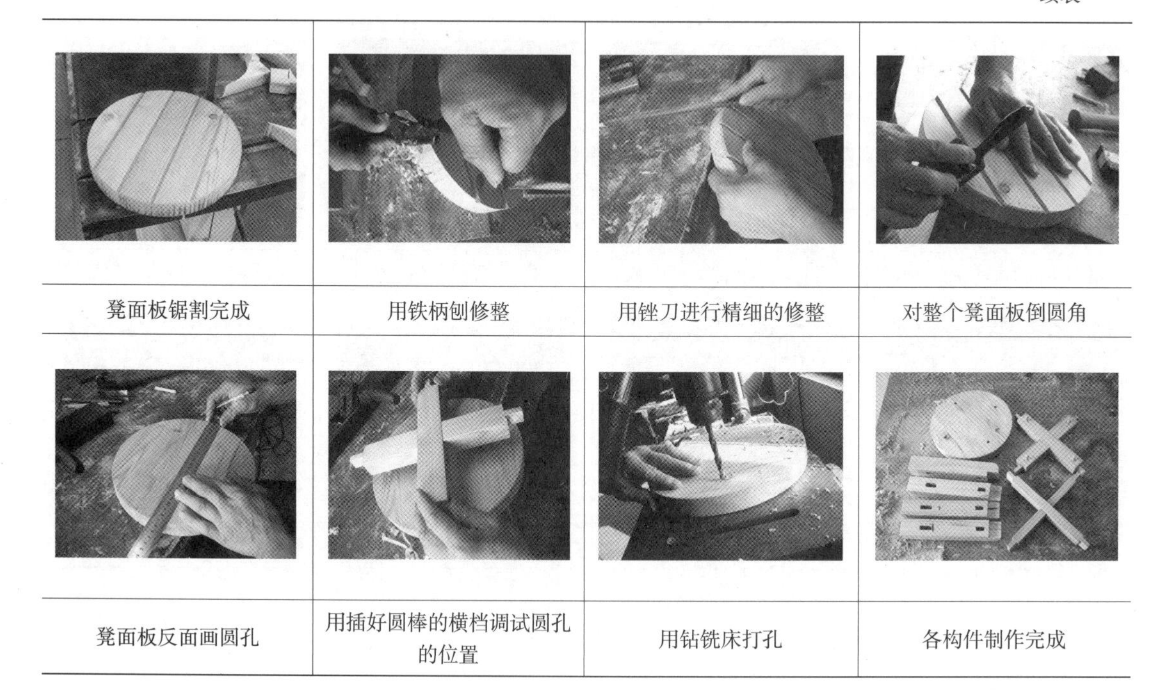

凳面板锯割完成	用铁柄刨修整	用锉刀进行精细的修整	对整个凳面板倒圆角
凳面板反面画圆孔	用插好圆棒的横档调试圆孔的位置	用钻铣床打孔	各构件制作完成

2. 榫头和榫眼的加工。在采用榫卯结合方式的部位上，应对相应的构件分别加工出榫头和榫眼。要注意的是榫头的宽度要与铣刀的尺寸一致。打榫眼时，榫槽的深度通常要超过构件厚度的一半，一般是 2 ~ 3 厘米，但有些情况下也要根据构件的实际尺寸而定。如开单边榫，在打榫槽时可以打得深一些，但如果是在木料的同一方向的正反两面都要开榫，还需要权衡木料的厚度及两个榫槽深度之间的关系。另外，需要制作榫头倒角，以便在装配中能顺利紧凑地组合。榫头和榫眼的加工过程与制作格肩榫的步骤是类似的，这里就不进行重复描述了。

3. 横档中的十字交叠榫可用框锯锯出榫眼的边界，然后再用凿子进行加工。锯榫的时候要留出加工余量，然后再用凿子修整。这里要注意框锯的使用方式，手工锯割过程中，手、腕、肘、肩膀要同时用力，送锯要到头，不要只送半锯，送锯时一定要顺劲下锯，不要硬扭锯条，提锯时用力要轻，并使锯齿稍稍离开锯割面。

4. 打圆孔。小木凳的凳面与下面构件的连接方式为圆棒榫，因此需要在横档的上端面用钻铣床打四个圆孔。

5. 将横档十字交叉扣合，这样横档构件就制作完成了。再根据实际圆孔的深度，用锯子锯割出一定长度的圆棒，将圆棒插入横档的孔内。需要注意的是：每个构件或者木条的棱角都要倒棱角线，需要修掉棱角锋口，防止木条棱角翘边。这里要提到的是：一般倒棱角线的工具是小圆刨，那是花色刨的一种。

6. 凳腿的细加工。根据图纸的造型，要对凳腿进行弧度加工。首先，划出既定的弧线，为了方便加工，可找适合弧度尺寸的圆柱模型作为划线的依照。然后，用锯子将棱角锯掉，再用刨子沿着划线进行粗加工，用锉刀对其进行修整。

7. 凳面的加工。首先用圆规在直尺中量取面板的半径并在凳面上画圆。凳面是由五块木条以圆棒榫的结构组成的，因此，在画圆的时候要在五块木条呈装配状态进行，这样能保证加工时各个部件的精确性。接下来划出五块木条之间拼接结构孔的位置，用钻铣床打孔，再用刮刀剔除孔的毛边，将每块木条的两侧进行倒斜面处理，辅助榔头，插入圆棒将其拼接成一体。需要注意的是：圆棒也要倒圆角，这样便于装配。

在完成拼接之后将整块面板平放于桌面，再用圆规画一个明晰的圆，以确保面板的整体锯割。在用木工带锯机加工之前，首先要将整个面板的反面用刨子刨成一个平面，使其成为一个基准面。之后再用木工带锯机沿着圆的边线进行锯割，推力均匀，匀速前移。在锯割过程中要保证边线外留有一定的余量，切记不能直接沿着划线锯割，不然在后续的加工中可能会存在一定的偏差。留有余量的毛边就需要用铁柄刨修整，需注意的是：用铁柄刨刨圆时要顺着木纹走，两手要把持住刨柄，推力不要过大，随时观察曲线划线痕迹，逐渐将其刨削光滑，再用锉刀进行精细的修整，最后还需对整个凳面板倒圆角。

8. 根据横档中圆孔的位置，精确画出凳面板反面相对应的圆孔位置，用插好圆棒的横档调试圆孔的位置，再用钻铣床进行打孔。

9. 各构件制作完成。

3.3.2.3　构件的装配

首先，须擦去各构件上划线的痕迹，然后再进行组装。组装时，第一步应先用榔头将上下两组十字横档分别与四条凳腿相接合。在装配的过程中要注意组装的顺序，先将两个十字横档分别与同一条凳腿接合，然后再装与其相对的那条凳腿，接着才是与第一条凳腿相邻的两条凳腿，这样可以保证凳子结构的准确性和结实度。最后再加上凳面板，用木榔头对上下构件进行整合（表 3–15）。

构件装配完毕后须施以表面处理，用木工砂纸对小木凳进行整体打磨，使其表面质感更为光滑。这样，一张漂亮的小木凳就完成了。

小木凳的装配过程 **表3-15**

将两个十字横档分别与同一条凳腿接合		装与其相对的凳腿	装与其相邻的两个凳腿	将凳面板与其他构件接合
			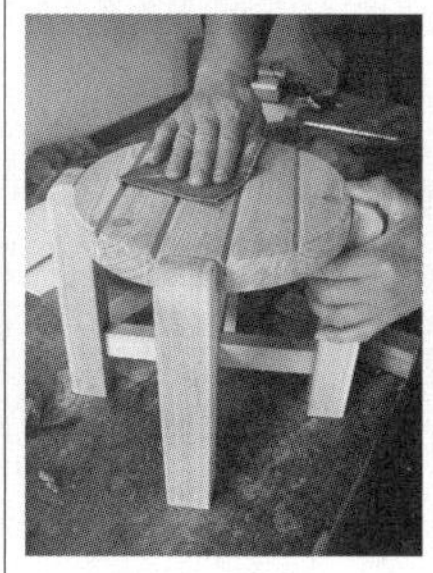	
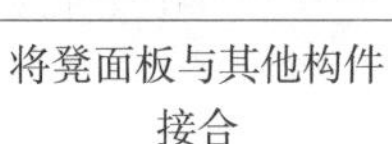将凳面板与其他构件接合	用木榔头对上下构件进行整合	各构件组装完成	用木工砂纸进行整体打磨	小木凳制作完成

【作业】

1. 请同学们一人一组、自备材料制作一种框架结构的木榫，要求如下：①绘制该木榫的 A4 图纸一套，比例适宜，包括榫头三视图、榫眼三视图及木榫的轴测图，共三张，图纸必须手绘，电脑制图无效。②根据已绘图纸，制作木榫一套，包括榫头及榫眼；榫头与榫眼之间不允许用胶粘接，且加工精良。

2. 请同学们两人一组、自备材料制作木制小板凳两个，要求如下：①绘制加工图纸一套，尺寸要求为 A3，图纸应包含小板凳的完整三视图一张以及各零部件的三视图若干，图纸应表达完整，视图准确，尺寸标注清晰。②根据已绘图纸，制作小板凳两个：一个应完成装配，并适当进行表面涂饰；另一个则以零部件的形式上交，无须装配及表面涂饰。作业要求以木榫为主要连接方式，不允许用胶、钉等，制作应精良。允许在作业中使用其他材料与木材相配合进行创作，但其使用方式及使用部位须得到教师的许可。

4

第四章　传承出新：百变木榫

【课程内容】

1. 木榫的历史沿革；

2. 木榫连接的分类及技术要求；

3. 明式家具中的经典结构；

4. 传统榫卯结构的现代演绎。

【学习目的】

1. 了解木榫发展的历史沿革；

2. 掌握木榫连接的分类以及直角榫、圆榫、燕尾榫接合的技术要求；

3. 理解明式家具中的经典结构，领悟其中的人文内涵；

4. 正确理解将传统榫卯结构进行现代演绎应具备的整体观以及可能的方向；

5. 培养学生查阅资料的能力，了解利用榫卯结构进行创新设计的前沿案例，思考其未来的发展方向。

4.1　木榫的历史沿革

正如研究家具不能不研究明式家具，研究明式家具不能不研究木榫，对“材料与技术·木作”的研究亦应从木榫的历史、连接方式、结构等开始。

榫卯结构是指两个木构件相连接的一种凹凸处理接合方式。榫俗称“榫头”，指木构件上凸出的部分；卯也叫“榫眼”、“卯眼”，是安榫头的孔眼。中国古代建筑、中国传统家具以及其他木制品的主要结构形式便是这种榫卯结构。这个演绎着中国传统文化精髓的榫卯结构在中国传统家具中已经具备了很高的技艺水平，尤其是在明式家具中达到了巅峰，这种经典巧妙的结构方式令我们叹为观止。

榫卯结构作为中国传统文化的一部分，有着悠久的发展历史，最早可追溯到7000年前的新石器时代，浙江省余姚市的河姆渡文化遗址中出现的原始居民的木房子可以证实，从出土的大量木构件中不难发现我们的祖先很早就开始使用榫卯结构了，这也是先人的智慧所在。以此，榫卯结构伴随着中国古代木构建筑的发展而逐步发展起来。

据考古资料显示，先秦的家具和建筑中已经出现了暗榫、透榫、半榫等基本的榫卯构造。到了战国时期，榫卯结构继续发展，出现直榫、圆榫、端头榫、嵌榫、蝶榫等十多种较复杂的连接方式。大约到了晚唐、五代时，出现了夹头榫，并大量运用到桌案上来。古人的生活方式从席地而坐演变成垂足而坐，这为坐具的发展和演变提供了机遇。伴随着高坐家具的兴起，逐步演化出了以榫卯结构为重要特征的手工艺家具制造系统。

至明朝，中国家具已自成体系，榫卯的工艺和形制也很完善，并在明末清初的时候达到了高峰。明朝隆庆之时开放海禁的政策，使得海外性坚质细的硬木不断进入中国，匠师们也因此对木性有了更深入的了解，并对硬木操作积累了丰富的经验。工匠们的聪明才智和精湛技艺相结合，使榫卯结构焕发出异常强烈而光彩夺目的生命力，并将榫卯技术推向了更讲究和更精密的新境界。

直至清朝前期，这种榫卯技艺的高度还在延续，并创造出了自己的风格特点。这时的榫卯结构不仅仅是家具的连接构件了，同时也上升到了中国传统美学中自然天成的审美高度。明式家具能在中国家具的发展史上获得如此崇高的地位，与榫卯结构有着直接的关系。榫卯结构提升了明式家具的艺术价值，帮助明式家具确立了自己的风格。

明至清前期是中国传统家具的黄金时期，但到了清朝末期，政治格局复杂，社会秩序紊乱，且国家经济每况愈下，这些都导致了家具行业的低迷，工匠们对细致的榫卯结构也没有了更高的追求，往往粗制滥造，更别提技艺的再创新了。例如明及清前期的有束腰家具，往往牙条与束腰是用一块独木做出的，又凭借挂销，可使束腰及牙条和腿足牢固地连接在一起，抱肩榫的标准做法大体如此。这种做法既可免去长条的拼缝，又坚实耐用。虽然用料要费得多，但仍是一种合理而考究的做法。但之后，抱肩榫的做法开始简化，特别在清中期以后，挂销往往省略，为了省料，牙条和束腰也改为用两块木条单独做了。这种做法即使有栽榫居中连接，也难免开胶而闪错，这只能说明它既要追求形式又舍不得用料。至清末民初，抱肩榫的做法更趋简化，如省略了牙条上的榫舌，仅用胶水粘结，使之牢固。从抱肩榫一例即可看出，中国传统家具的发展至清中期后几乎停顿，甚至有所倒退，这种断流的态势一直延续至今，而其中榫卯结构的发展状况与之亦同。令人欣喜的是，近年来随着人们探寻本土化设计的热情，一些研究者正在对充满智慧、富于文化特色的传统家具加以再认识和新发现，他们的探索为我们带来了新的启发。

榫卯结构是中国传统家具的精髓，彰显着独特、深厚而又富有魅力的民族特色，以其底蕴深厚、内涵丰富的特质成了中国传统文化的一个重要组成部分。但是随着工业化的发展趋势，绝大多数传统榫卯结构已经逐渐淡出了我们的视野，更是大有将榫卯结构放入博物馆的趋势。那么，如何以文化为内涵，将这种古老的家具结构运用到现代产品设计中去呢？这需要我们有选择地学习研究，并且以新的视角重新看待它，对其进行现代的转化并注入创新的活力，这才是对它最好的继承与发扬。

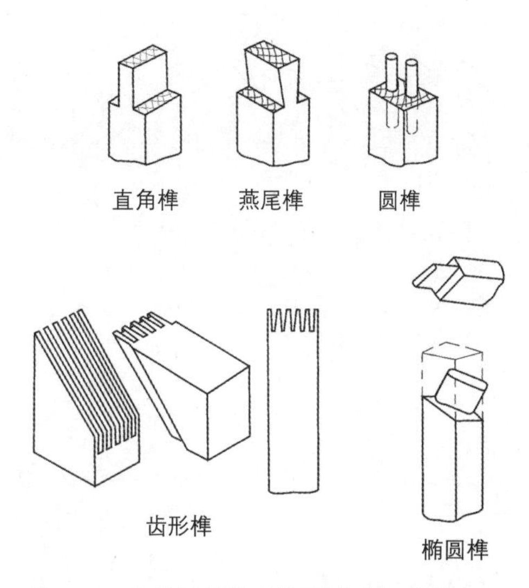

图 4–1　木榫的分类（按照榫头的形状）

4.2　木榫连接的分类及技术要求

4.2.1　木榫连接的分类

木榫连接是一种传统而古老的接合方式，种类有很多：

第一，按照榫头的形状分，主要有直角榫、圆榫、燕尾榫、齿形榫（指形榫）和椭圆榫等（如图 4–1）。在实际的生产中，根据这几种榫头又可以演变出很多其他类型的榫头。

木框架接合一般采用直角榫。燕尾榫接触紧密，结构牢固，可以防止榫头前后错动，常用于箱框、抽屉的接合，也多用于仿古家具及较高档的传统家具。圆榫主要用于板式家具的接合与定位等。圆棒榫的两端需要倒角，表面最好压制些沟槽（图 4–2），倒角便于插入，沟槽可存积胶液。齿形榫一般用于短料接长，目前广泛用于指接集成材的制造。椭圆榫是将矩形断面的榫头两侧加工成半圆形，榫头与方材本身之间的关系有直位、斜位、倾斜等，可以一次加工成型，椭圆榫常用于椅框的接合等。

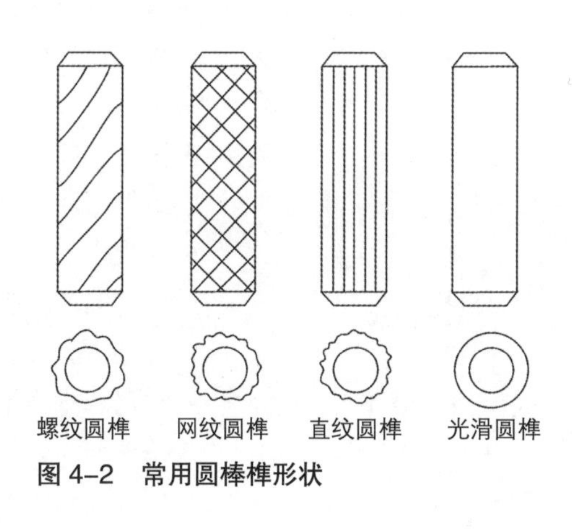

图 4–2　常用圆棒榫形状

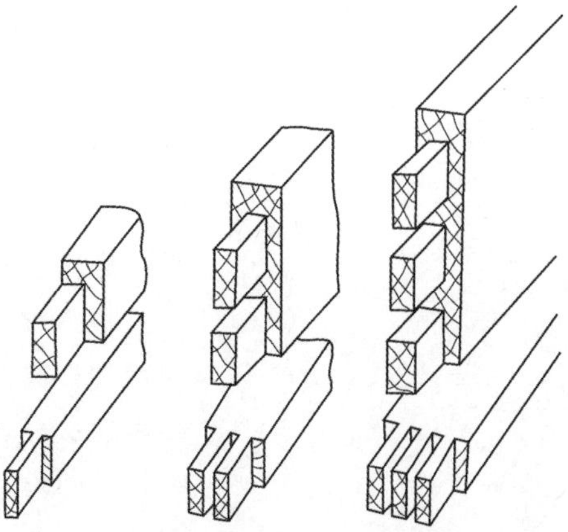

第二，按照榫头的数目分，主要有单榫、双榫和多榫三种（图 4–3）。榫头数目越多，施胶面积越大，制品的接合强度也越大。一般框架的方材接合多采用单榫和双榫；如果采用箱框接合，则常用多榫，例如木箱和抽屉等。

单榫　双榫　多榫

图 4–3　木榫的分类（按照榫头的数目）

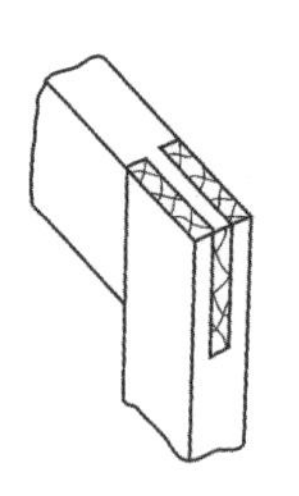
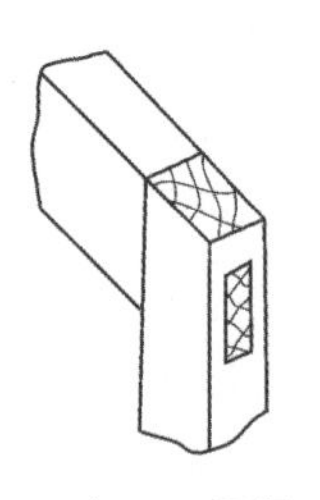
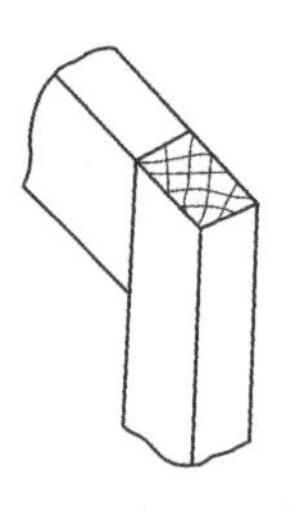
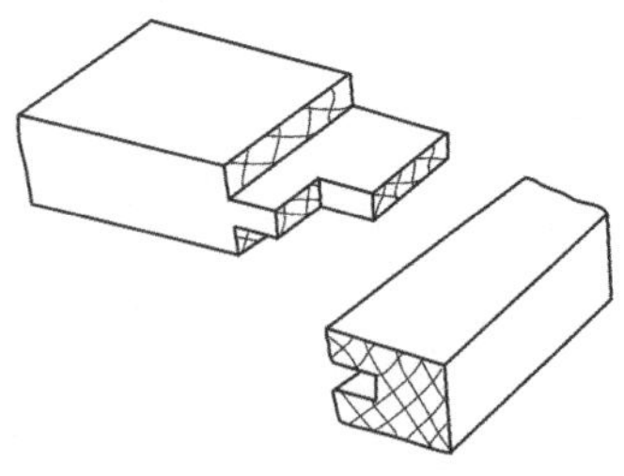
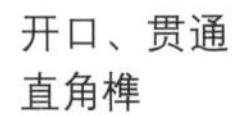

开口、贯通直角榫　闭口、贯通直角榫　闭口、不贯通直角榫　半闭口直角榫结合

图 4–4
一般榫接合的种类

第三，按照榫头与榫眼或榫槽的接合情况分，主要有开口榫、闭口榫、半闭口榫、贯通榫与不贯通榫等（图 4–4）。实际使用时，这几种榫接合是相互联系且根据需要选用的，例如单榫可以贯通，也可以不贯通，可以开口，也可以闭口或者半闭口。双榫亦是如此。

这几种榫接合各有其优缺点。不贯通榫主要是为了产品美观，制品表面看不见榫端，因此高级木制品主要采用不贯通榫。贯通榫因为榫头端面暴露在外面，当含水率发生变化时，榫头会凸出或者凹陷于制品的表面，从而影响美观。但是，受力大的结构一般仍需采用贯通榫接合，如木门窗、工作台等。值得一提的是，贯通榫在设计中如果运用得当，也会成为耐人寻味的细节。另外，由于榫接合的强度在某种程度上决定于胶接面积的大小，所以开口贯通榫的强度会比较大，且加工简单。但是开口榫在装配过程中，当胶液尚未凝固时，零部件之间经常会发生扭动，使其难于保持正确的位置。此外，开口贯通榫的榫端和榫侧面外露，也影响制品美观，因而装饰性的表面应采用闭口榫接合。需要注意的是，半闭口榫接合可以防止榫头扭动，也能增加施胶面积，具有开口榫和闭口榫两者的优点，一般应用于某些隐蔽处及制品内部框架的接合处，如桌腿与上横撑的接合部位、椅档与椅腿的接合处等，因为都被某一部件遮挡住，从而不影响美观。

第四，按照榫头和方材本身的关系来分，主要有整体榫和插入榫。整体榫是指直接在方材上加工榫头，榫头与方材是一个整体；插入榫的榫头和方材不是同一块材料。直角榫、燕尾榫一般都是整体榫，圆榫、榫片等属于插入榫。

插入榫与整体榫比较，可以显著地节约木材和提高生产率。例如采用圆榫时，配料不用考虑榫头长度，比较节约木料。圆棒榫头加工是由车床或者专用机床加工成长圆棒，然后按照所需长度截取，省工省料。圆榫眼可以采用多轴钻床，一次定位可以完成一个工件上的全部钻孔，还可以用专门的机械将圆榫迅速地拧入接榫部位，这既简化了工艺过程，也便于板式部件的安装、定位、拆装、包装和运输，同时为零部件涂饰和机械化装配提供了条件。

需要注意的是，整体榫在锯截时要保持榫肩与榫头侧面之间的正确角度，否则装配时在接合处将出现缝隙。

4.2.2 木榫连接的技术要求

木制品的破坏常常发生在接合处。榫接合如果设计和加工得不合理，就不能保证其接合强度。因此，对榫接合的技术要求如下：

4.2.2.1 直角榫接合的技术要求

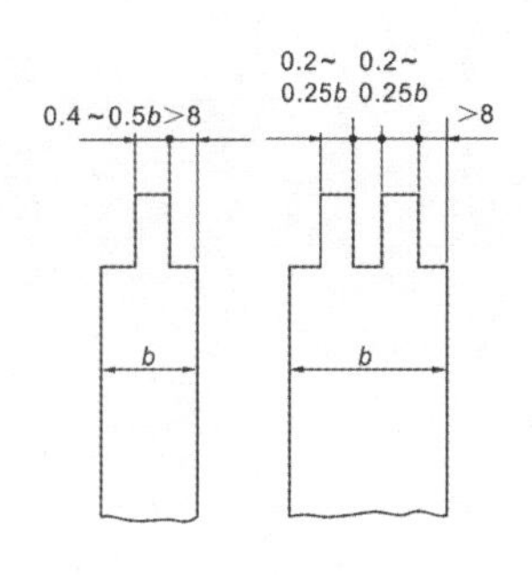

图 4-5

榫头厚度、宽度与断面尺寸的关系图一

1. 开榫的位置：榫头长度方向应为木材纵向纹理方向，应尽量避免榫长方向倾斜于木材纵向纹理，更不能垂直于木材的纵向纹理。榫眼应开在木材纵切面上，即径切面或弦切面上，不应在木材的横切面上凿榫眼。

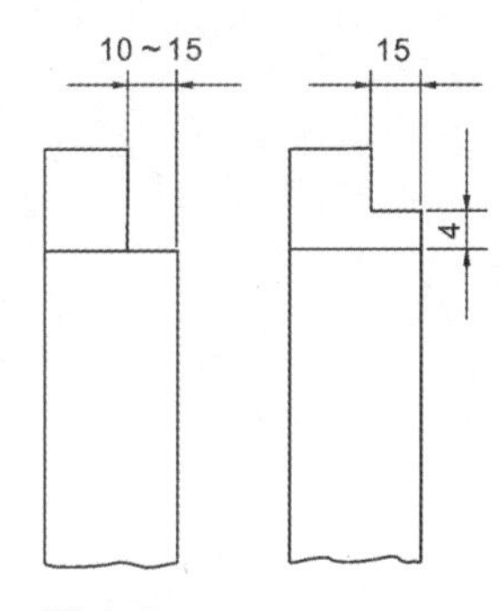

图 4-6

榫头厚度、宽度与断面尺寸的关系图二

2. 榫头的厚度：榫头的厚度应根据部件尺寸来定（图 4-5）。为保证接合的强度，一般单榫厚度为部件宽度或厚度的 0.4 ~ 0.5 倍。当部件的断面尺寸大于 40 毫米 ×40 毫米时，应采用双榫，这样可以增加接合强度。双榫总厚度也应约为宽度或厚度的 0.4 ~ 0.5 倍，因为榫眼是用标准规格尺寸的木凿或者方孔钻头加工的，所以榫头的厚度根据上述要求设计后，还要圆整为相应的木凿或标准钻头的规格尺寸。榫头的厚度常为 6、8、9.5、12、13、15 毫米等几种规格。为了使榫头容易装入榫眼，常将榫头端部的两边或四边削成 30 度的倒棱。

3. 榫肩：单榫和双榫的外肩部分不应小于 8 毫米，里肩或者中肩可以灵活掌握，一般情况下，双榫的中肩和榫头的厚度应一样，特殊情况下，可以略小于榫头的厚度，但不应小于 5 毫米，如图 4-5 所示。

4. 榫头的长度：榫头的长度应根据接合的形式而定。采用贯通榫时，榫头长度应大于榫眼深度 3 ~ 5 毫米，以利于接合后截齐刨平。如果明榫端部用插销紧固，则应长出 20 ~ 30 毫米，以便穿插销钉。采用不贯通榫时，榫头长度不应小于榫眼部件宽度或者厚度的一半；榫眼深应大于榫头长度 2 毫米，以防止榫端顶触榫眼底部而使榫肩与方材之间出现缝隙。

5. 榫头的宽度：用开口榫接合时，榫头宽度等于方材零件的宽度；用闭口榫接合时，榫头宽度要切去 10 ~ 15 毫米；用半闭口榫接合时，榫头宽度上半闭口部分应切去 15 毫米，半开口部分长度应大于 4 毫米，如图 4-6 所示。

6. 榫头与榫眼的配合：榫头厚度应等于或小于榫眼宽度 0.1 ~ 0.2 毫米，此时胶接强度最大；如果榫头厚度大于榫眼宽度，装配时容易使榫眼豁裂；如果榫头厚度小于榫眼宽度太多，则容易松动，降低榫接合的强度。榫头宽度一般应大于榫眼长度 0.5 ~ 1 毫米为宜，硬材取

0.5 毫米，软材取 1 毫米，此时配合得最为紧密，强度也最大。特大或者特小规格的部件，应适当放大或者缩小配合量。

4.2.2.2　圆榫接合的技术要求

1. 圆榫的选材：制作圆榫所用的材料应选择容重大、花纹通直细密、无节无朽、无虫蛀等缺陷的，一般采用硬木。

2. 圆榫的含水率：圆榫需进行干燥处理，其含水率应低于 7%，制成后要防潮，立即封装备用。圆榫用于刨花板接合时，其含水率应低于刨花板含水率的 2% ~ 3%，且榫头不宜过大，以防刨花板被撑裂。

3. 圆榫的涂胶：圆榫进行胶接时可以一面涂胶，也可以两面涂胶（榫头和榫眼），其中两面涂胶的接合强度较高。如果一面涂胶应涂在榫头上，使榫头充分润胀以提高接合力。

4. 圆榫的尺寸：圆榫的直径一般应为板厚的 0.4 ~ 0.5 倍，圆榫长度应为直径的 3 ~ 4 倍，如表 4–1 所示。

圆榫的尺寸　　　　**表4–1**

接合件的厚度	圆榫直径	圆榫长度
10~12	4	16
12~15	6	24
15~20	8	32
20~24	10	30~40
24~30	12	36~48
30~36	14	42~56
36~45	16	48~64

5. 圆榫的配合：圆榫配合时，被接合材料不同以及不同形状的圆榫对配合公差的要求也不同。圆榫配合的公差要求应执行有关国家标准的规定。一般来讲，榫端与孔底间应保持 0.5 ~ 1 毫米的间隙。

4.2.2.3　燕尾榫接合的技术要求

燕尾榫多应用在板材与板材的连接上。两块平板直角相接，为防止受拉力时脱开，榫头做成梯台形，这就是燕尾榫。燕尾榫比一般的榫接方式更直观，是一种到现今仍在大量使用的榫接方式。市面上出现的专门制作燕尾榫的机器就足以说明它的应用之多。燕尾榫的造型简单，却解决了六个方向的作用力，在外观上让使用者一看便知，难怪被世人誉为“万榫之母”。

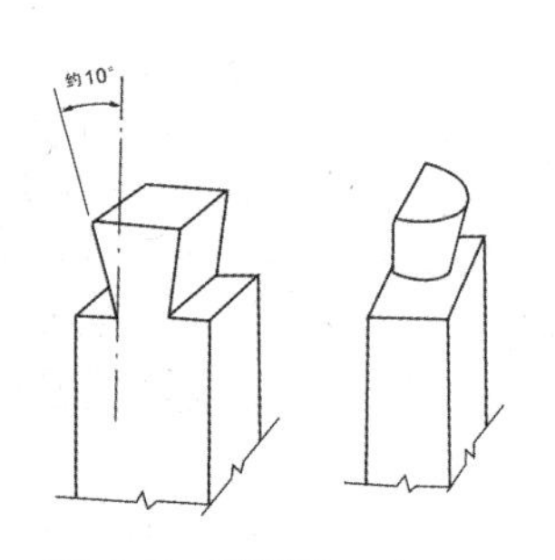

图 4–7　燕尾榫

1. 燕尾榫的形状与尺寸：如图 4–7 所示，燕尾榫的榫头呈梯形或者半锥形，榫头长度一般为 15 ~ 20 毫米，其特点是榫端大于榫头根部，榫肩与榫头长度的夹角约为 80°，榫头倾斜角度一般不超过 10°。斜度过大，榫端部位斜角受木材顺纹剪力时容易产生破坏，从而降低了榫头强度。

2. 燕尾榫的加工精度：燕尾榫的加工精度要求外表面榫头宽度方向应大于榫孔 0.5 毫米，里面应小于榫孔 0.5 毫米。这时的榫头接合强度较大。

4.3 明式家具中的经典结构

我国家具结构有悠久而优良的传统。经过长期不断的改进和发展，家具在各部位的组合上简洁明了，在材料的使用上扬长避短，既合乎力学原理，又大方而美观。

明至清前期的家具在结构上有如下特点：以立木作支柱，横木作连接材，吸取了大木梁架和壶门台座的式样和手法。家具的平面、纵或横的断面，除个别变体外，都作四方形。为了消除四方形结体不稳定的缺陷，古代匠师对传统家具使用了“攒边装板”，各种各样的枨子、牙条、牙头、角牙、短柱及托泥等，加强了结点的刚度，迫使角度不变，将支架固定起来，消除了结体不稳定的缺憾，同时还能将重量负荷，均匀而合理地传递到腿足上去。各构件之间能够有机地交代连接而达到如此的成功，那些互避互让但又相辅相成的榫头和卯眼起着决定性的作用，更因为使用了坚实致密的硬性木材，使匠师们能从心所欲地制造出各种各样精巧的榫卯来。构件之间，金属的钉子完全不用，鳔胶粘合也只是一种辅助手段，凭借榫卯就可以做到上下左右、粗细斜直，连接合理，面面俱到，工艺准确，扣合严密，常使人感叹有天衣无缝之妙。这些宝贵遗产值得我们格外重视，即使它对于现代家具设计未必完全适用，但还是值得我们有选择地去学习和继承。

下面是明式家具中的部分经典结构：

4.3.1 基本结合

4.3.1.1 平板结合

当木材宽度不够用时，将两块或多块木板拼合起来使用。较简易的薄板拼合有如现代木工的做法，即榫槽与榫舌拼接。考究的则做成“龙凤榫”的样式，如图 4–8 所示，这种方法加大了榫卯的胶合面，可以防止拼口上下翘错，拼板从横向难以被拉开。厚板拼合常用平口胶合，但两板的拼口必须刨刮得十分平直，使两个拼面完全贴实，才能粘合牢固。厚板有的用栽榫来连接，而栽榫有的为直榫，有的为走马销，如图 4–9 所示。

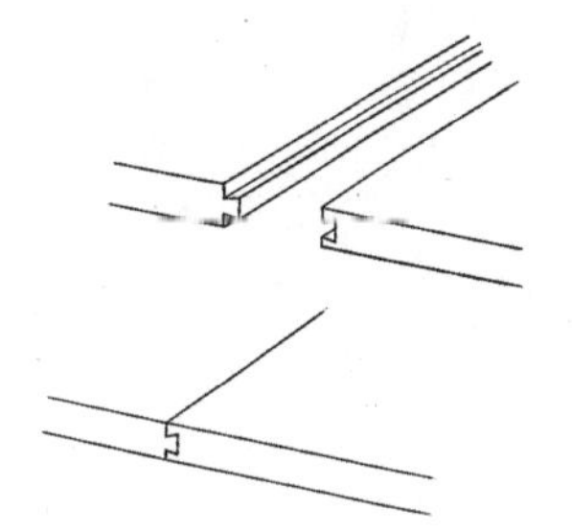

图 4–8
薄板拼合：龙凤榫

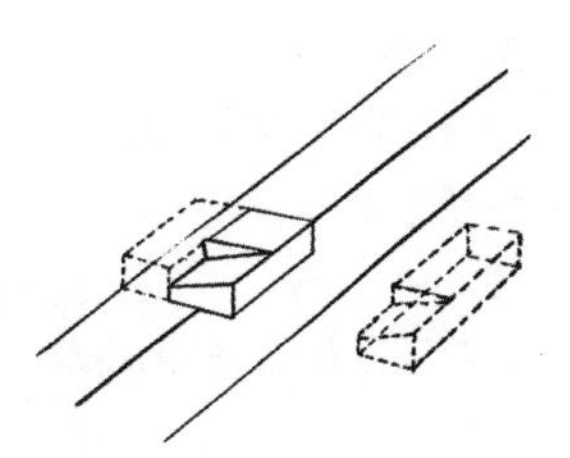

图 4–9
厚板拼合：栽走马销

4.3.1.2 厚板与抹头的拼粘拍合

厚板，如条案的板面、罗汉床围子，为了不使纵端的断面木纹外露，

（从左至右）
图 4–10
厚板出半榫拍抹头
图 4–11
厚板闷榫角接合（全隐燕尾榫）
图 4–12
平板明榫角接合
图 4–13
平板一面明榫角接合（半隐燕尾榫）

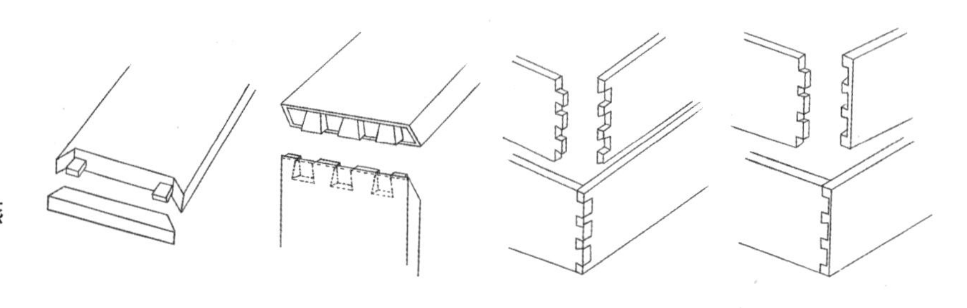

并防止开裂，多拼拍一条用直木造成的抹头。又为了使抹头纵端的断面木纹不外露，多采用与厚板格角相交的造法，即在厚板的纵端格角并留透榫或半榫，在抹头上也格角并凿透眼或半眼。抹头与厚板拍合并用鳔胶粘贴，如图 4–10 所示。

4.3.1.3　平板角接合

面板与板形的腿足相交，是厚板角接合的例子。如图 4–11 所示，现代木工称之为全隐燕尾榫，拍合后只见一条合缝，榫卯全部被隐藏起来，而抽屉立墙所用的板材要薄一些，其角接合有多种方法。最简单的是两面都外露的明榫，即直榫开口接合，如图 4–12 所示。其次是一面露榫的明榫，现代木工称为半隐燕尾榫，如图 4–13 所示。更复杂的就是完全不露的闷榫，做法与图 4–11 基本相同，只是更为精巧。

4.3.1.4　横竖材丁字形接合

在明式家具中，横竖材丁字形接合的案例比比皆是。大自桌案或大柜的枨子和腿足的连接，次如衣架或四出头官帽椅的搭脑、扶手和腿足的相交，或杌凳横枨、管脚枨与椅凳的腿足相交，小至床围子、桌椅花牙子的横竖材攒接，都是丁字形接合的例子（图 4–14~ 图 4–16）。其中，方材的丁字形接合，一般用“格肩榫”。格肩榫在明式家具中应用极为广泛，它可以产生“交圈”的效果，即不同构件之间的线脚和平面浑然相接，完整统一。格肩榫的具体介绍详见第三章相关内容，这里不再赘述。

榫和卯的接合，是木件之间多与少、高与低、长与短之间的巧妙组合，这种组合可有效地限制木件之间各个方向的扭动。以丁字形结构为例，如果只是简单地用铁钉组合在一起，竖枨与横枨很容易被扭曲而改变角度，因此，难以保证其结构的稳固性，而用榫卯接合，就

图 4–14（左）
圆材丁字形接合（横、竖材粗细相等）
图 4–15（中）
方材丁字形接合（大格肩，实肩）
图 4–16（右）
方材丁字形接合（齐肩膀）

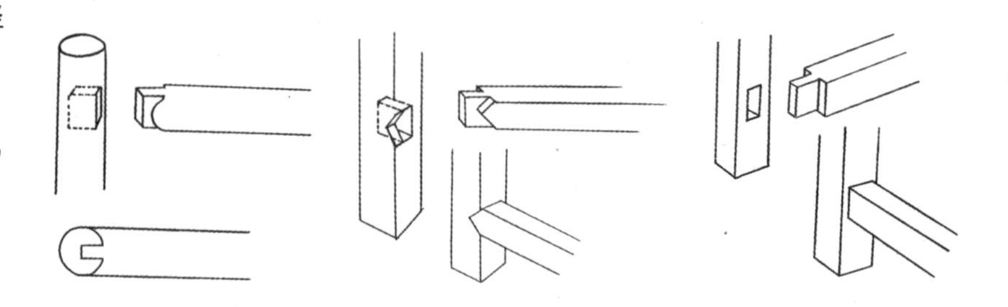

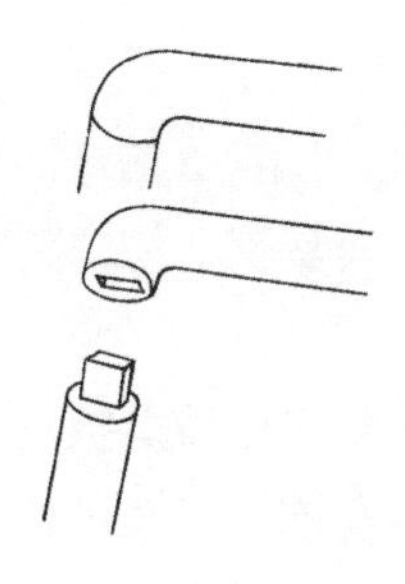
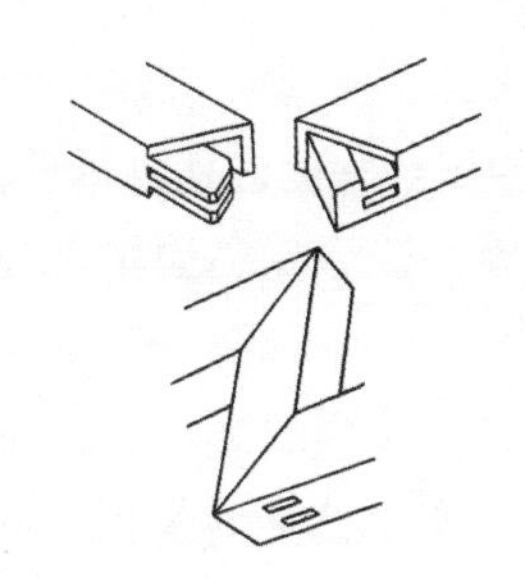
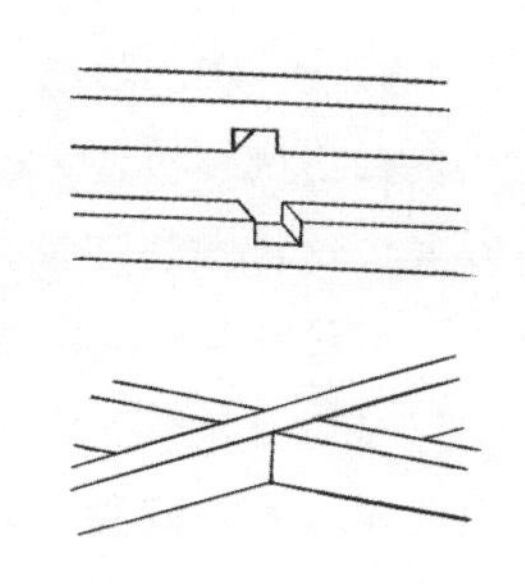

图 4-17（左）
圆材闷榫角接合
图 4-18（中）
方材角接合（床围子攒接卍字）
图 4-19（右）
直材交叉接合：十字枨

很少出现这种情况。

4.3.1.5　方材、圆材角接合、板条角接合

方材或圆材角接合指南官帽椅、玫瑰椅等搭脑、扶手和前后腿的接合。它们从外表看多为斜切 45 度相交，但中有榫卯不外露，所以是闷榫（图 4-17、图 4-18）。

4.3.1.6　直材交叉接合

杌凳上的十字枨、床围子攒接“卍”字、十字绦环等图案，都要用直材交叉。两材在相交的地方，上下各切去一半，合起来成为一根的厚度（图 4-19）。

4.3.1.7　弧形弯材接合

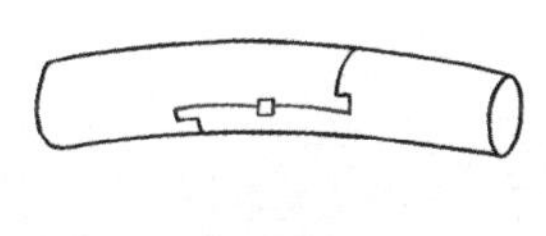
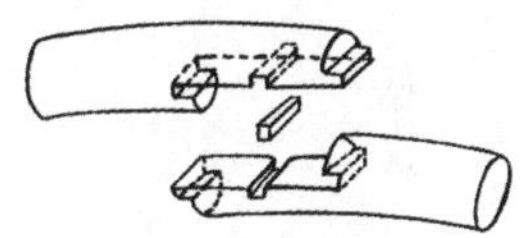

图 4-20　楔钉榫之一

圈椅上的圆后背，香几或圆杌凳的托泥，圆形家具如香几、坐墩、圆杌凳等面子的边框，都用弧形弯材接合而成，有的也采用“楔钉榫”造法。楔钉榫基本上是两片榫头合掌式的交搭，但两片榫头尽端又各有小舌，小舌入槽后便能紧贴在一起，管住它们不能向上或向下移动。此后更于搭口中部剔凿方孔，将一枚断面为方形的头粗而尾稍细的楔钉穿过去，使两片榫头在向左和向右的方向上也不能拉开，于是两段弧形弯材便严密地接成一体了（图 4-20）。

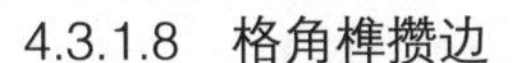

4.3.1.8　格角榫攒边

椅凳床榻，凡屉心采用棕索、藤条编织而成的，木框一般采用“攒边格角”的结构。四方形的托泥，也多用这种方法。四根木框，较长而两端出榫的为“大边”,较短而两端凿眼的为“抹头”。如木框为正方形的，则以出榫的两根为大边，凿眼的两根为抹头。比较宽的木框，有时大边除留长榫外，还加留小三角形榫。小榫也有闷榫与明榫两种。抹头上凿榫眼，一般都用透眼，边抹合口处格角，各斜切成 45 度角（图 4-21）。

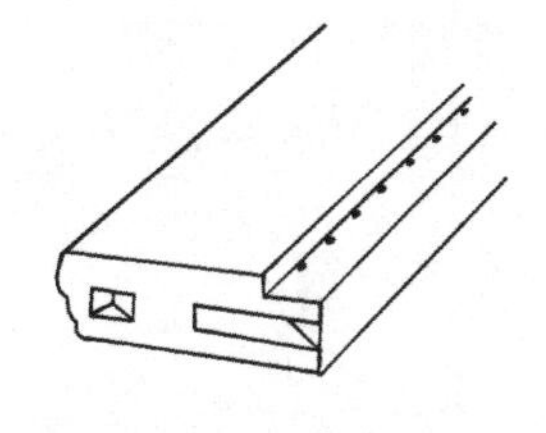
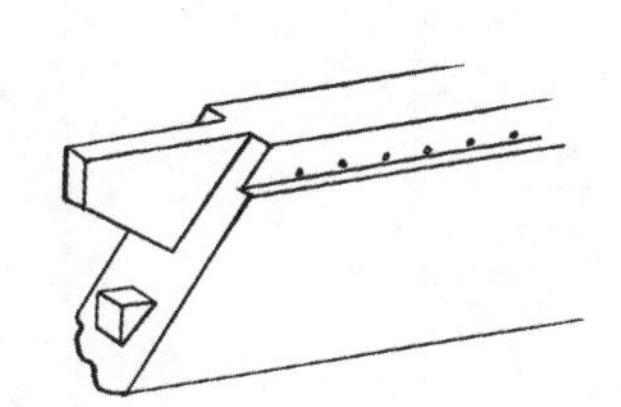
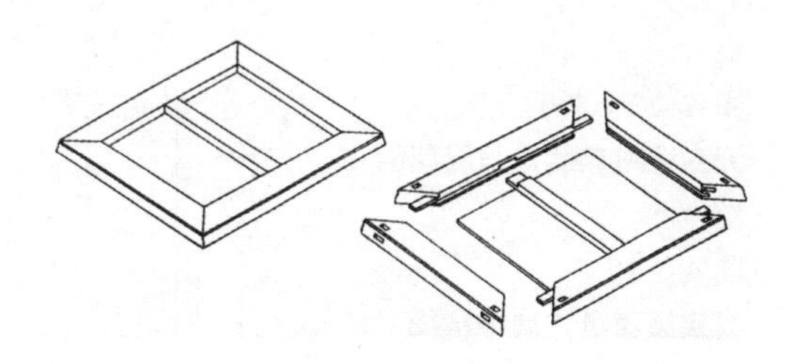

图 4-21（左）
格角榫攒边之一（三角小榫用闷榫）
图 4-22（右）
攒边打槽装板

4.3.1.9 攒边打槽装板

攒边打槽装板是木材使用的一项成功的创造，如图 4–22 所示。长期以来，这种做法在家具中广泛使用，如椅凳面、桌案面、柜门柜帮以及不同部位上使用的绦环板等，不胜枚举。

这种做法的优点首先在于将板心装纳在四根边框中，使薄板能当厚板使用。木板随着气候湿度和温度的变化，不免胀缩，尤其以横向的胀缩最为显著。攒框装入木板时并不完全挤紧，尤其是在冬季制造的家具,更需要为木板的胀缩留有余地。一般板心只有一个纵边使鳔胶，或四边全不使鳔胶。装板的木框攒成后，与家具其他部位连接的不是板心，而是用直材做成的边框，伸缩性不大，这样就使整个家具的结构不致由于面板的胀缩而影响其稳定坚实。木材断面纹理粗糙、颜色暗沉，装板的方法可以将木材的断面完全隐藏起来，外露的都是花纹色泽优美的纵切面。因此，攒边打槽装板是一种经济、美观、科学合理的做法。

4.3.2 腿足与面的结合

4.3.2.1 无束腰结构

家具面板与牙条之间无收缩部分称无束腰结构，如无束腰的杌凳，面子底面四角各凿榫眼两个，在大边上的深，在抹头上的浅，为的是避开大边上的榫子，这两个榫眼与腿子顶端“长短榫”拍合，腿足上端还开槽两段，嵌装牙头 (图 4–23)。

4.3.2.2 有束腰结构

家具面板与牙子之间的向内收缩的部分称有束腰结构。有束腰的杌凳或方桌、条桌等，面子的造法与上同，腿足上端也留长短榫，只是在束腰的部位以下，切出 45 度斜肩，并凿三角形榫眼，以便与牙子的 45 度斜角尖及三角形的榫舌拍合。斜肩上有的还留做挂销，与牙子的槽口套挂。上述结构也称之“抱肩榫”(图 4–24)。

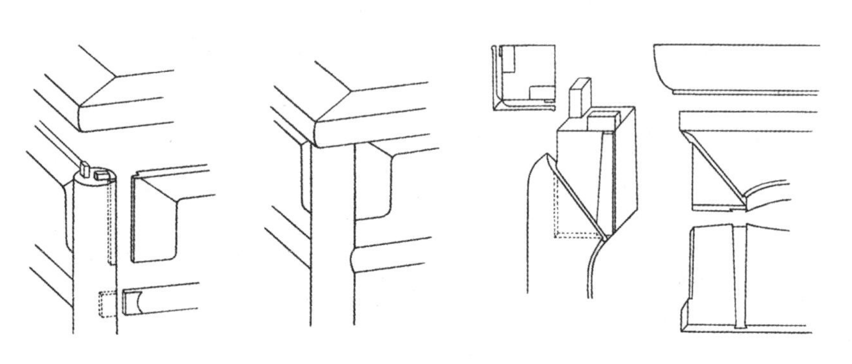

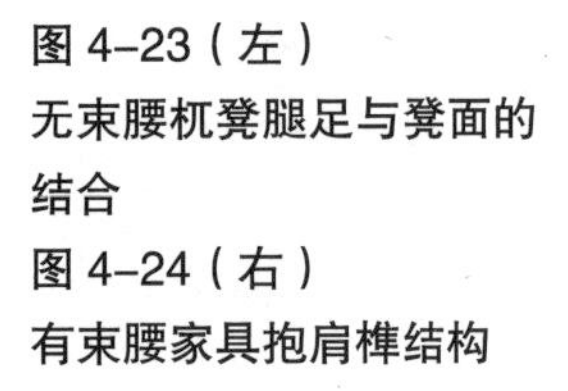

图 4–23 (左)
无束腰杌凳腿足与凳面的结合
图 4–24 (右)
有束腰家具抱肩榫结构

4.3.2.3 四面平结构

这种样式的面子用攒边打槽装板造成，四角在边抹底面凿榫眼，使它自己成为一件可装可卸的构件。支撑上述面子的是一具架子，它的造法是腿足上部不造束腰，在顶端长短榫之下直接格肩造榫，并在两面各留出一个断面为半个银锭形的挂销，以备与牙条上的槽口套挂。四根牙条和四条腿足拍合后，架子便形成了，架子上再安装上述的面子（图 4–25）。

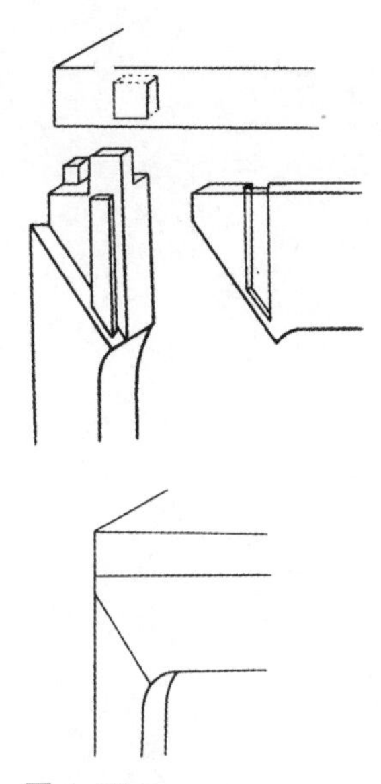

图 4–25
四面平家具腿足与上部构件的结合

4.3.2.4 夹头榫结构

夹头榫是从北宋发展起来的一种桌案结构。它的做法是：腿足上端出榫并开口，中夹牙条、牙头，出榫与案面底面的榫眼接合（图 4–26）。夹头榫的优点在于加大了案腿上端与案面的接触面，增强了刚性结点，使案面和案腿的角度不容易变动，同时，又能把案面的承重均匀地分布传递到四足上来。

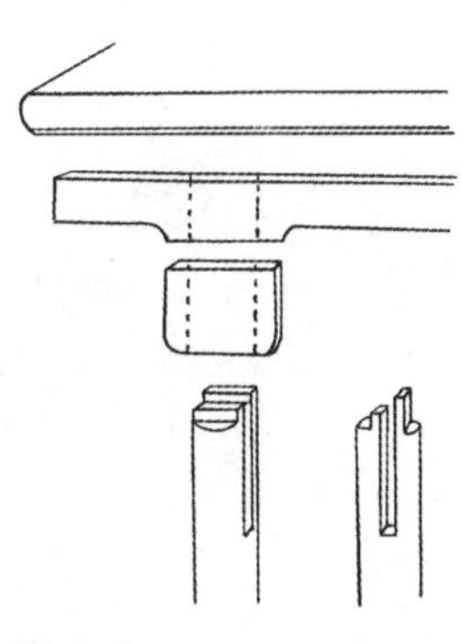

图 4–26
夹头榫结构（腿足上端开口嵌夹牙条与牙头）

4.3.2.5 插肩榫结构

插肩榫的外形与夹头榫不同，但是两者的设计意图是基本相同的。它的做法是：腿足上端出榫并开口，形成前后两片。前片切出斜肩，插入牙条为容纳斜肩而凿剔的槽，拍合后，腿足表面与牙条平齐（图 4–27）。这样就使插肩榫与腿足高于牙条、牙头的夹头榫的外部形象有所差异了。总的说来，它有两个优点：首先，由于腿足开口嵌夹牙条，而牙条又剔槽嵌夹腿足，使牙条和腿足扣合得很紧，而且案面压下来的分量越大，牙条和腿足就扣合得越紧，使它们在前后、左右的方向上都不错动，形成稳固合理的结构。其次，由于腿足和牙条交圈，所以牙条和腿足形成的空间轮廓可以有丰富的变化，而雕饰线脚的运用也得到了很大的便利。

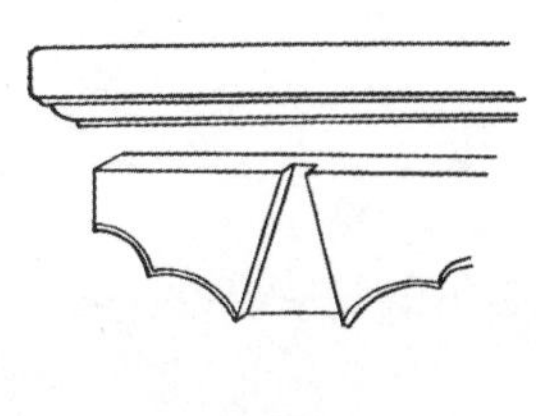

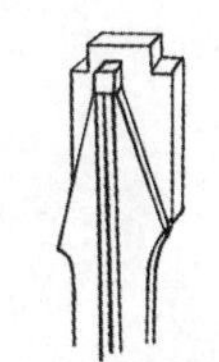

图 4–27 插肩榫结构

4.4 传统榫卯结构的现代演绎

4.4.1 必由之路：存续与活化

榫卯结构是明式家具的一个重要组成部分，在明式家具中发挥了举足轻重的的作用。榫卯是具有历史意义的结构形式，它集简单明确、稳固合理、坚实耐用、方便拆卸等特点于一身并流传至今。但是随着工业化的发展，传统榫卯结构逐渐淡出了我们的视野，其中的原因不外乎以下几个方面：

首先，传统榫卯结构的制作技艺正不断地流失。在古代家具的制作中，技艺授教都是通过“师徒制”的模式进行的，这种授教多采用口口相传的形式。但是随着历史的发展，这种形式正不自觉地慢慢演变，“师徒制”逐步消失。后继乏人，重理论轻实践，是传统榫卯结构在当下面临的困境之一。

其次，传统榫卯结构制作工艺的烦琐以及日趋稀少的珍贵木材资源也使之曲高和寡。传统家具多采用框架式结构，其接合方式采用无钉的榫卯连接，在组装过程中会适当地搭配少量胶，使其各部件接合更牢固。但是，传统的榫卯结构形式多样，工艺繁复，生产效率低，相对比较难以适应大批量生产的现代工业方式。

再次，新材料、新技术的不断涌现也为传统榫卯结构的式微起到了推波助澜的作用。材料技术的变化势必会引起家具的变化，例如各种金属连接件已经成为现代家具的一种主要连接构造方式，胶合板热加工、注塑成型等工业化生产技术已经被广泛地应用，尽管它们在美观、结实、耐用等方面也有不尽如人意之处，但是，这种快速、低成本、简便、准确的标准化生产方式正好适应当今市场的广泛需求。事实上，传统榫卯家具已经被更具市场竞争力的现代板式家具不断压缩其生存空间。

随着社会经济的发展及人们物质水平的提高，现代人的生活习惯、审美观念、用户需求及使用方式都发生了巨大的改变，而生活方式的转变必将造就不同时代的家具在形式、尺寸及结构等设计语言上的差异。因此，传统榫卯结构在当代设计中的应用必须要进行变革，以适应现代人的生活方式及其要求。

传统榫卯集自然简约、工艺精湛的特点影响着全世界，是后人难以超越的典范。拒绝一味地复古，而是将传统榫卯结构进行变革并应用于现代设计中，满足现代人的生活需求，这才是对它最大的保护与尊重。例如 20 世纪四五十年代，丹麦设计师汉斯・维纳汲取了中国明式家具的元素设计创作了“中国椅”系列，将明式家具的精神用现代的方式完美地演绎了出来，他的作品能够充分体现浓郁的中国风情。“中国椅”从造型到功能，从外观到气质，从整体到细节，与中国明椅都迥然不同，相比明椅更简洁、更现代。就其结构而言，维纳对榫卯进行了细微的改良，特别是对圈椅靠背的连接结构做了不同的再设计，甚至将这种细节表现放大，达到了另一种特殊的审美形式。又如中国大陆设计师朱小杰，凭借对传统文化的热爱，创作出了一系列既充满文化底蕴又彰显其个性的家具。在他的作品中，我们不难发现家具的结构都是采用榫卯形式的，如椅子的腿部采用明榫，特意展现其结构美，朱小杰认为那是富有东方传统特色的原点。再如台湾地区设计师洪达仁设计的“守柔”系列家具，将传统榫卯的裹腿造法应用其中，也为大家展现了一种独特的神韵。

传统榫卯结构可算是历史发展的“遗留物”，因为它们是“过去的现实”的见证。但榫卯不应该只有怀想的价值，而应当在现代社会中实现创造性的文化转换，大胆融摄现代的知识、技术以及审美观，体现时代精神。榫卯的存续与活化就是要把好的传统从生活中提炼出来，并积极面对新时代、新机遇，创造出更轻松、更愉悦的生活方式。

4.4.2　超以象外：木榫演绎的整体观

我们研究榫卯结构必须首先具备一定的整体观，因为从一开始它就不是单独而生的事物。榫卯作为明式家具的一个重要组成部分，与其有着密切的关系，而明式家具的呈现也是基于当时的社会背景及审美思想。

王世襄先生在《明式家具研究》一书中对“明式家具”进行了狭义上的定义：“明至清前期材美工良、造型优美的家具，即从明代嘉靖、万历到清代康熙、雍正（1522~1735 年）这二百多年间的制品。”明式家具是该特定时期的历史文化产物，也是当时人们生活和精神的物质载体，体现当时的时代风貌与特色。

明式家具之所以能达到巅峰，有其历史必然性，主要包括：其一，明代社会稳定，经济繁荣，尤其是明中后期，商品经济的发展，资本主义萌芽的产生，城市经济的繁荣，促使了当时手工业和商业较大的发展，家具作为人们生活的必需品也同其他手工业一样呈现出繁荣的趋势。家具作坊大量兴起，制作技术与工艺不断提高与完善。其二，隆庆年间开放海禁使得海外贸易得到了发展。来自海外的大量硬木如花梨、紫檀等为明代家具的发展提供了极好的原材料。其三，城市的园林和住宅建造呈现兴盛趋势，而家具作为室内陈设的重要组成部分，也必然使其需求量大增。

明中期以后，社会经济呈繁荣趋势，随着资本主义生产方式的萌芽，市民阶层登上了历史舞台，工场手工业的不断兴起和发展，使得很多破产农民和逃户不断向城市转移，这种经济结构的转移改变了当时的社会风尚，商人地位提高，逐本营利成了一种社会风气；另外，这种经济结构的改变使得人们的价值观也改变了，他们开始关注尘世利益，关怀现世人生，并要求人性解放和个性的自由发展，这种潮流追求成了一种新鲜的文化。市民阶层壮大及市民意识觉醒后，市民的审美趣味以复杂多样的内容出现在当时社会时尚的主流中，成了一种独特的文化现象。

当时理学的禁欲主义压抑着市民的正当生活要求，在这种态势下，市民阶层为满足物质和精神的需求，就必须在思想文化领域打破理学专制的禁锢，这被明朝中后期的市民思想家加以注意和强调。王阳明的“心学”以及他的后继者泰州学派追求个性解放，重视情感和审美趣味的表现，在艺术上重自然、自我，成了明中后期的审美思想的主流。王艮提出的“百姓日用即道”的思想，是对人们日常的物质利益重视的一种体现，基于其平民的性质而迅速流传开来。这种思想的影响力极其深远，工艺美术也呈多样化的发展，在满足人们生活日用的前提下，还更深入地研究了器物的美学风格。明式家具作为工艺美术的一部分，也能够充分体现这一点，其设计意匠之杰出，还有很大一部分同这种重视生活日用的思潮有关，在满足实用的基础上，也必定体现出当时人们对家具的审美趣味与文化品格。

另外，在实学风的影响下，明代的工艺美术总体特征为重实用、重技艺。宋应星的著作《天工开物》中也强调“以民生日用为技艺”的思想，就是对民生日用和物品功能的重视。明式家具呈现出了经久耐用、科学合理的榫卯结构以及重节俭、轻繁复的文化特征，达到了结构与功能的完美统一，家具各个部件的组合非常简单明确，既符合力学原理，又重视实用与美观，是当时工艺美术特征表现的典范。一切的形式美必须要在其功能与生活方式的前提之下，这对当代的设计也提供了一定的思考价值。

田自秉先生认为：“明式家具之所以能取得这么高的成就，主要是它巧妙地恰如其分地使用了工艺美学的设计原理。”他将其归结为“四美”，即“注意意匠美”、“注意结构美”、“注意材料美”、“注意工艺美”。对于明式家具而言，这“四美”缺一不可。

以圈椅为例，其最直观且最大的特点要属其外扩内敛式的“线”型的魅力了，一条流畅的曲线将后背搭脑与扶手自然地融合在一起，扶手两端出头向外翻卷，过渡自然，线条流畅柔美又带有刚劲之力，除视觉的线条美之外，更给人柔和的触觉感知。它与座面之下的直线运用并不冲突，恰恰相反，曲线和直线的完美结合赋予了它曲线的委婉典雅以及直线的刚劲挺拔。明式圈椅靠背呈曲线是基于人坐姿下的脊椎生理结构考虑的，对线条的考究严谨缜密，使得人们的脊椎与靠背接触时能够使身体得到全方位的放松，减轻疲劳感。圈椅的不同部位也会采用不同的榫卯形式，如椅子的扶手采用楔钉榫结构是有其功能所在的，基于扶手圆而细的特点，古代匠师们对其采用分段式造法，两段弧形弯材之间的拼接也只能由楔钉榫的结构形式加以连接，楔钉榫在这里的运用使结构和功能得以完美地呈现。

明式家具的不同部位运用不同形式的榫卯，既符合功能的要求，又非常牢固。在传统明式家具制作中，匠师们对这些榫卯结构进行了针对性的应用，每个结构都发挥其特性，而不是滥用，充分做到了“物以致用”原则。前文所述的攒边打槽装板、夹头榫、插肩榫、抱肩榫等，无一不是如此，每个榫卯结构都有其功能的存在。

那么，榫卯结构在现代设计中的应用也应考虑到整体性。在快速、多元、简单的生活方式的时代背景下，人们的观念也势必会追随着时代的潮流变得多元化。榫卯是传统家具的主要结构方式，它是历史的产物，与当时的时代背景相适应，也与当时人们的审美观念相吻合，它将以怎样的方式呈现于现在的时代背景下则是设计师应该考虑的问题。任何事物不是独立存在的个体，我们不能抛开家具只谈榫卯本身，而家具始终又与人们的生活习惯及行为方式密不可分。简言之，我们不能单独为了榫卯的特质结构而从微观角度进行设计探究，不仅仅是提取结构的形式元素进行演化，更重要的是要从现代的生活方式、现代人的审美观念和需求上进行考量，这是榫卯结构在当代设计中进行演绎的核心思想。

4.4.3　一榫三变：榫卯演绎方向的思考

4.4.3.1　形式上的再设计

在复杂精湛的传统榫卯中，有些科学又简易的结构至今仍是适用的，如果对其形式进行合理的再设计，甚至可以成为现代工业化生产的标准件。因此，在现代设计中，可以对传统榫卯的形式进行细微的改良，或是将其细节放大，来凸显榫卯结构的形式美，达到一种特殊的审美形式。

例如 2010 届研究生何大伦同学以夹头榫原理为基础，对其进行了形式上的再设计，完成了一款“Y”形榫，并应用于设计作品中。这种榫及其变体可以直接成为桌腿或者椅腿，使整件作品呈现一体化的形式（图 4–28）。

图 4–28
“Y”形榫的工作模型局部

4.4.3.2　结构上的再简化

榫卯结构精准细密，合乎力学原理，并具有一定的可拆卸性。传统的榫卯结构大部分都不适合现代机械化的生产方式，为了更好地适应工业化大生产的需求，对其结构进行适度的简化是非常必要的。简化后的部分也可与现代家具结构形式相互结合，以形成新的设计特点。例如用楔钉等简化版的连接件来替代部分复杂的榫卯结构，可以增强家具的拆装性，更能将其发展为模块化生产，通过模块的选择与组合设计出不同的家具样式。

这款“筷子”衣架（图 4–29）是由瑞士设计师 Andreas Saxer 设计的，以筷子为设计来源，在结构上采用燕尾榫的原理，将金属支架卡于

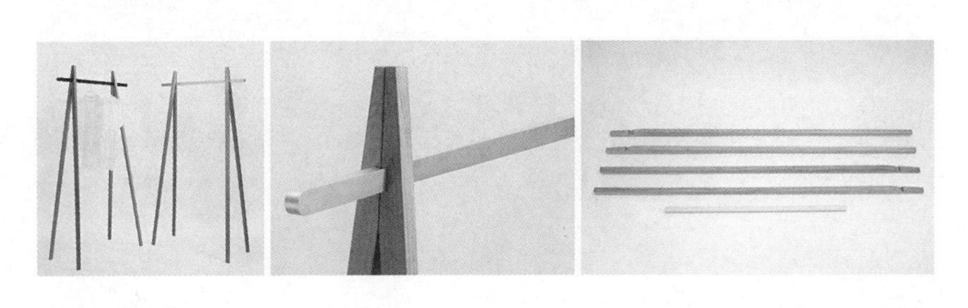

图 4–29
“筷子”衣架（设计师：Andreas Saxer）

图 4–30
作品“燕尾”的主要金属连接件

木质凹槽中起到固定作用，不用其他连接件就能挂置衣物。整件作品将传统榫卯结构简化到了极致，且易于拆装和运输，轻巧方便。这个典型的例子非常适合现代生产方式及人们的生活方式。

4.4.3.3 材质上的再创新

传统家具的制作需要用硬木材料才能制作出工艺精湛的榫卯结构，但这绝非榫卯结构在材料上的唯一选择。随着材料工业的发展，各种新材料层出不穷，使得我们在进行设计时对材料的选择余地也大大增加。金属、塑料等材料经过合理的利用也能在传统榫卯结构的再设计中大放异彩。这些材料的强度足以承受基本的固定安装，甚至这些材料自身的质感与肌理也会使得它们成为设计的亮点，有些性能是硬木所达不到的。

例如 2013 届研究生李孙霞同学的作品——“燕尾”系列家具就诠释了榫卯结构在材质应用上的可行性。该设计作品中的三种燕尾榫连接件选用了金属材质，期望达到一种刚性的材质要求。温润的木质与冷硬的铝合金组合运用，增加了作品的现代感，同时又能实现批量化生产（图 4–30）。

4.5 人文木榫与创作新意

关于榫卯结构活化的探索将是一个长期的研究过程，需要更多设计师的参与和努力。那些受过现代设计教育的年轻人具有开阔的视野和惊人的创造力，他们的作品既保留了传统榫卯的内涵，又有着清新的时代气息。他们以实践证明：只有贴近现代生活，接受现代的思想观念、技术条件，才能让榫卯实现转变，更好地服务于现代生活。

4.5.1 燕尾新解

如图 4–31 所示，“燕尾”系列作品以生活方式为考量，以榫卯结构为研究对象，这是一次努力将传统榫卯结构与现代设计进行结合的

图 4–31
作品“燕尾”

尝试。它外形简洁，材料上兼用木材与金属，并采用模块化的设计方法，无需任何工具就能方便拆装，易于打包带走，满足了消费者的使用需求。新“燕尾”打破了传统榫卯的内置形式，将燕尾榫结构外显，用这种结构新形式来凸显其结构美学，智巧化的外生式结构使得这套家具更易识别与操作，拆装便利，并因其外生式的结构赋予了家具本体的生长性特征，可通过纵横两个方向进行适度延伸，带来了更多的使用空间。

4.5.1.1 燕尾新解一：榫卯结构技术美的外显化

“燕尾”系列作品既能够满足一定的功能需求，在形式上也有鲜明的特色，其造型洗练，简洁利落，细节隽永，尺度适宜，材料搭配相得益彰，实现了技术美与艺术美的统一。

基于传统榫卯结构实用与美学并举的特质，让设计师思考在现代实木家具的设计中也可以汲取这种特征来凸显设计的亮点。在实践中，作者打破传统燕尾榫结构的内置形式，将其外露，用这种结构新方式来呈现视觉价值外显的结构美学。这种结构形式既不失燕尾榫固有的力学原理，又增加了结构的形式语言，使得结构和形式达到了统一。其次，“燕尾”系列是基于模块化的设计理念，通过外显的结构形式不仅实现了拆装的便利性，而且当两个单元模块横向组合时，之间生成的空间也实现了储物的功能，达到了结构与功能的结合。再次，在新技术时代，金属材料的运用已经成为“技术美”的一种展现。“燕尾”系列通过对外生式燕尾榫结构在材质上的创新，使其更具有现代感。

4.5.1.2 燕尾新解二：现代实木家具拆装的便捷性

在当下快节奏的生活态势下，人们希望自己的生活更简单、更方便，因此，简易拆装的家具备受目标人群的青睐。作者汲取榫卯结构易拆易装的特点，对其进行解构和重组，探寻了一种适合现代生活方式的可拆装家具设计的提案。

“燕尾”系列作品的外生式结构以智巧化的方式得以呈现，用户无需像板式家具那样根据图纸一步步安装，繁多的五金件可识别性相对较差，而新“燕尾”却可以根据形式语言徒手进行快速安装，这种外显式结构令产品的使用导向非常明确，更易识别和操作。此外，所有的部件都能拆卸成平板或条状，节省空间，方便运输（图 4-32，表 4-2~ 表 4-5）。

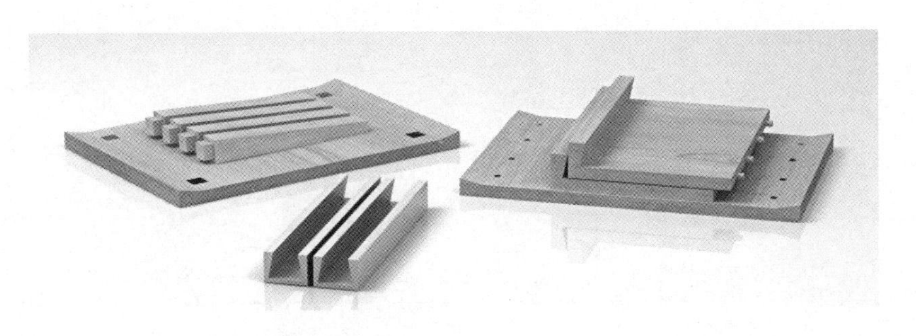

图 4-32
作品“燕尾”的基本单元模块各构件

单元模块各构件 **表4-2**

元件1	元件2	元件3
元件1-A（顶板） 元件1-B（侧板） 活动圆销		
由一块元件1-A和两块元件1-B组成	短腿和长腿	三种规格的燕尾榫结构连接件

纵向的不同结构接合形式 **表4-3**

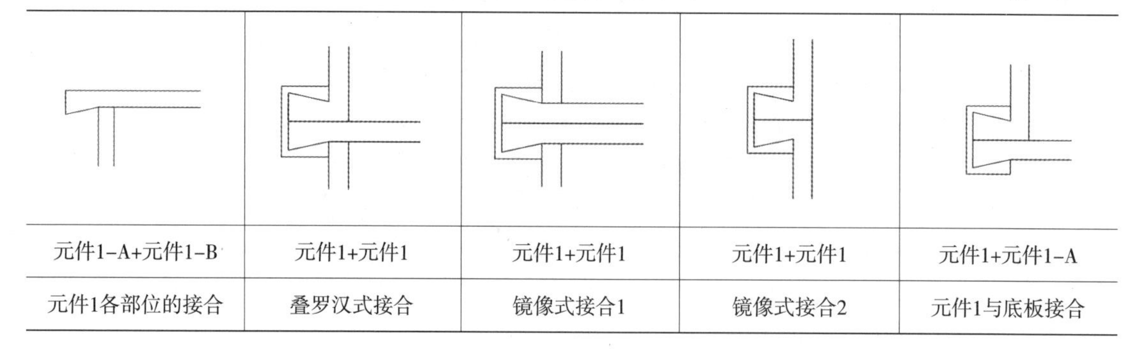

元件1-A+元件1-B	元件1+元件1	元件1+元件1	元件1+元件1	元件1+元件1-A
元件1各部位的接合	叠罗汉式接合	镜像式接合1	镜像式接合2	元件1与底板接合

横向的不同结构接合形式 **表4-4**

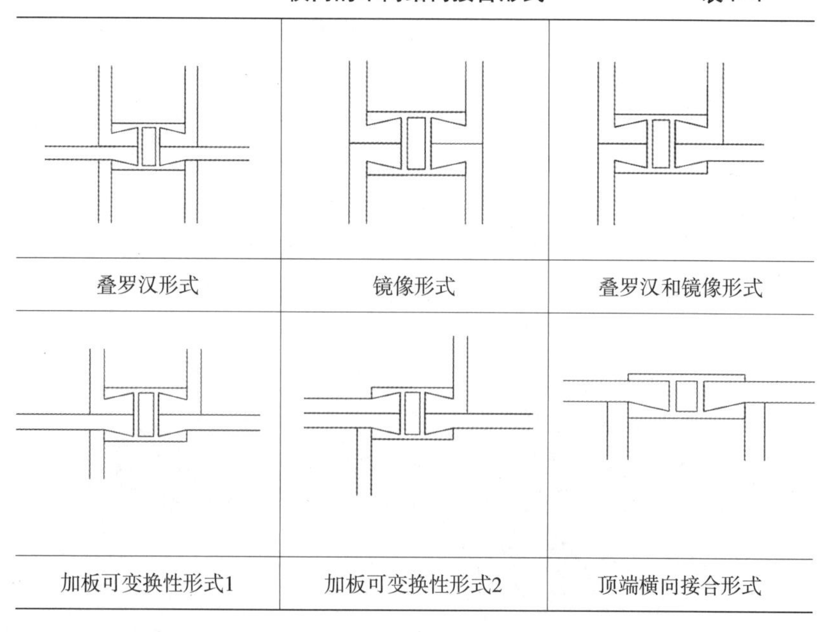

叠罗汉形式	镜像形式	叠罗汉和镜像形式
加板可变换性形式1	加板可变换性形式2	顶端横向接合形式

圆销辅助件结构　　表4-5

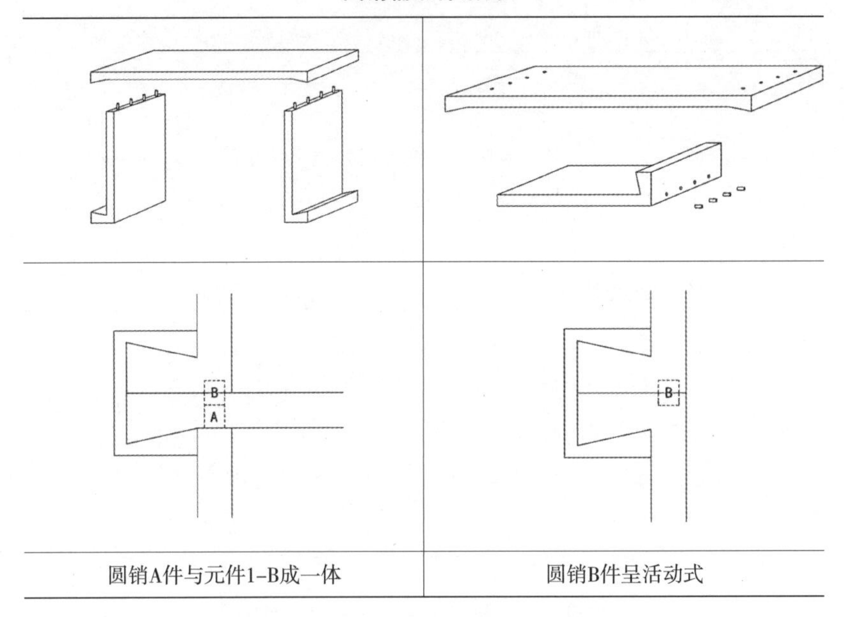

圆销A件与元件1-B成一体	圆销B件呈活动式

4.5.1.3　燕尾新解三：现代实木家具本体的生长性

在人们追求生活品质感和美感的今天，用户更希望去体验生活，在家具的选购中往往也将自己融入为设计师的角色。作者汲取了用户的这种心理，以同种外生式燕尾榫结构为基础，进行多种变体，在达到通用性要求的同时，探寻家具空间拓展的可能性。

基于这种结构的新形式，家具可通过本体单元件（图 4-33）得到空间拓展，变化出不同形式的组合方案，体现出生长性的特征。用户可根据自己的需求随意购买配套构件进行组装，使得家具的使用空间有了更多的可能性，也可以更好地适用于不同的场所，如可放置在居室空间、办公空间，甚至是商业区用于服装的陈设等，这种空间的转移特征也是由外生式燕尾结构带来的（各种空间拓展的不同形式详见表 4-6、表 4-7，图 4-34~ 图 4-36）。

图 4-33
作品“燕尾”的家具本体单元件及配套构件

空间拓展的基本形态呈现　　　　表4-6

纵向延伸	纵向可变换性延伸
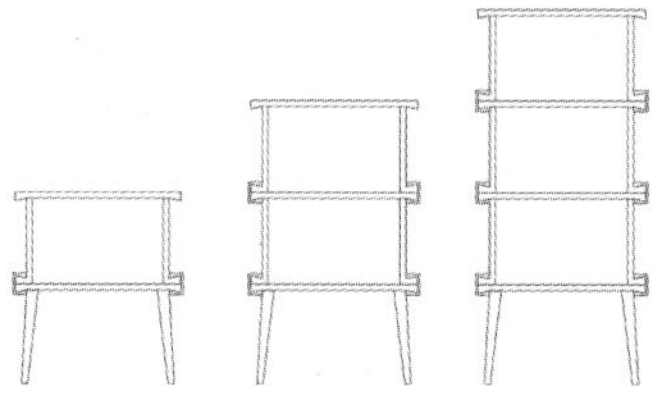	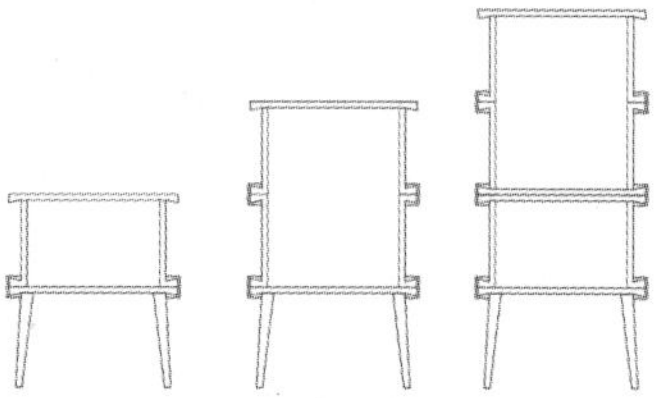
横向延伸	横纵向可变换性延伸
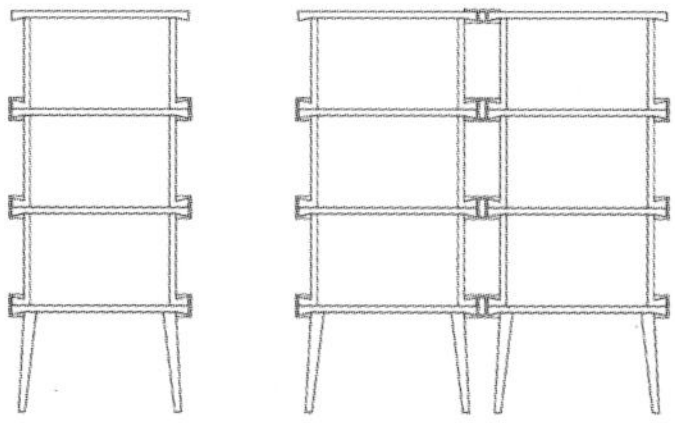	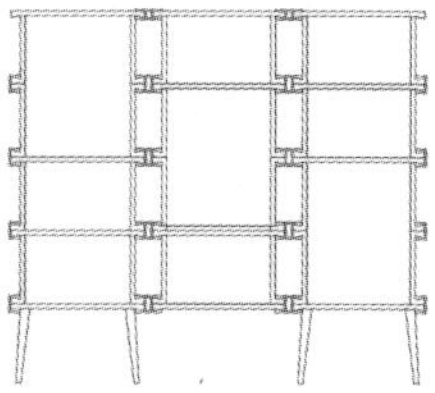

横纵向可变换性延伸的多种形态呈现　　　　表4-7

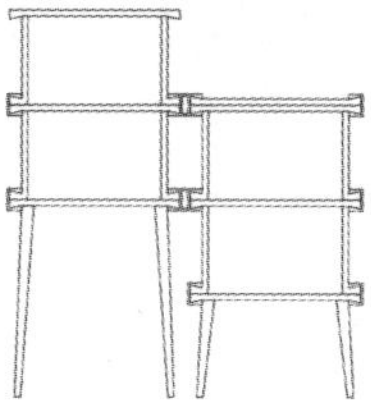	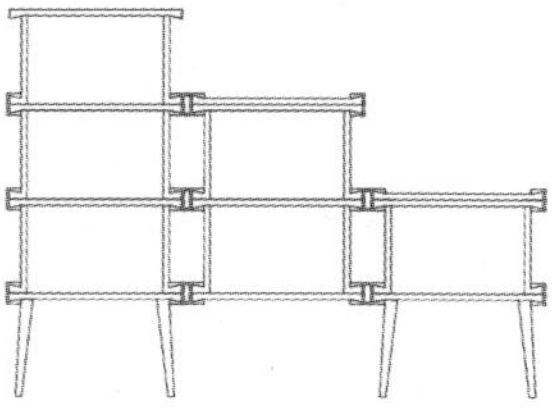
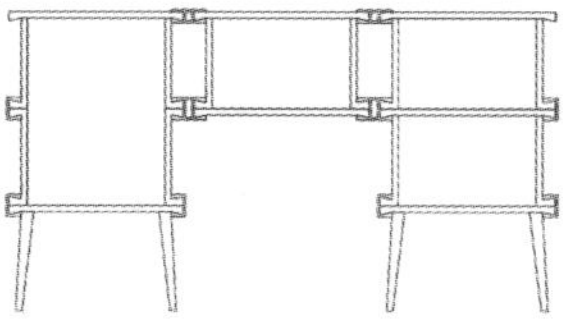	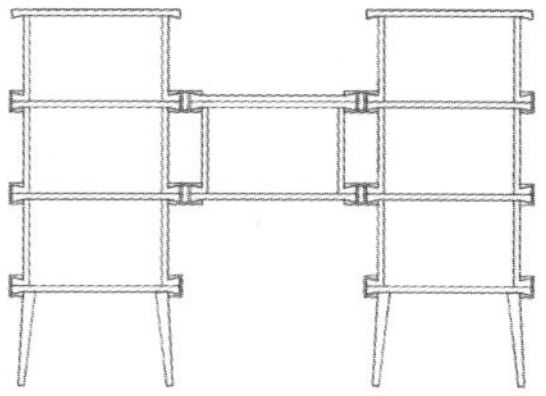
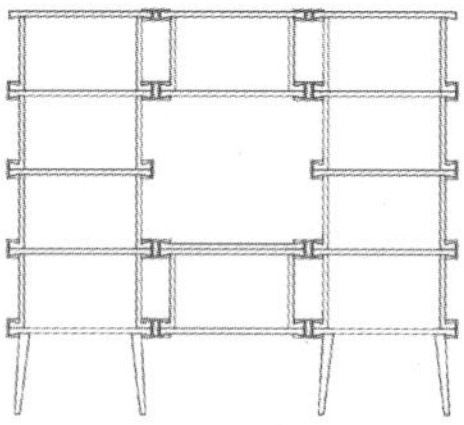	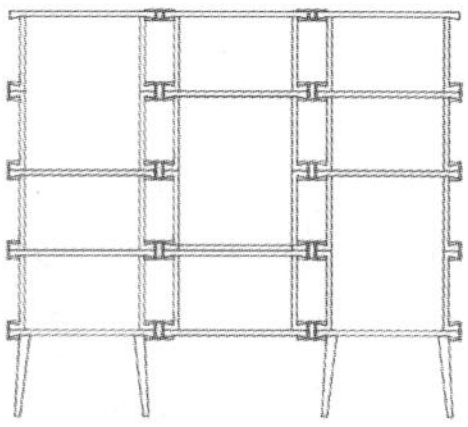
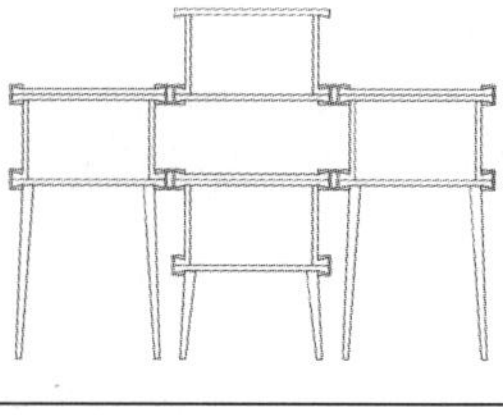	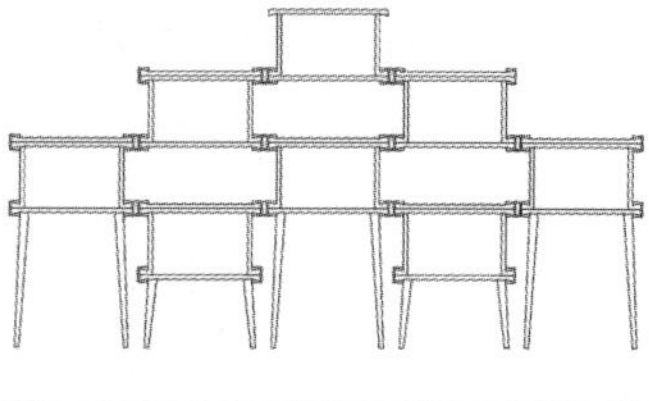

图 4–34（左）
作品“燕尾”的纵向延伸
图 4–35（右）
作品“燕尾”的纵向可变换性延伸

图 4–36
作品“燕尾”的横纵向可变换性延伸

4.5.2 “随便”：可以打包带走的桌椅

“随便”的设计源起是一次令人沮丧的搬家经历。作者意图将一件板式家具的柜子拆分后搬入新家，没想到拆与装的过程都异常艰辛，而结果几乎可以用失败来形容。这促使作者思考：为什么板式家具的拆装并不像这类家具一贯宣传的那样容易呢？其实，现有的板式家具对用户在外观上的需求已基本满足，但对于用户在实用性、拆装的便捷性等方面的需求还远远无法满足。很多用户经常由于板式家具的五金件被损坏而手足无措。其中原因很多，例如市场上的五金件种类太杂，往往很难买到和原来一模一样的，坚硬的五金件损坏了板材的孔径，无法维护更换等。虽然五金件可以更换，但是已经成为家具的板材却不行。板材哪怕只有一点损坏，用户也只能选择丢弃。板式家具的设计初衷是最大限度地利用木材，现在却因为五金件和板材的关系造成了浪费。板式家具的优点之一在于拆装的便捷性，可是作者的经历却证明事实并非如此。

4.5.2.1 “随便”反思之一：结构五金件与榫卯结构的对比

对于板式家具来说，五金件已经成为其必不可少的重要组成部分，它是建立家具结构和体现家具功能的关键所在，是使家具产品结构简单化、部件化及功能化的决定因素。其中，结构五金件是指连接板式家具各部分的功能性五金件，可以说是板式家具中最重要的一个环节。常见的用于连接的结构五金件有铰链、嵌入式连接件（涨栓、螺栓、偏心件）等。

就材质而言，榫卯结构的材质是木头，更具体地说是与家具本身材料相同的木头。五金件采用的材料较多，以金属为主，也辅以一些塑料和橡胶材质，比如阻尼器中的缓冲装置。虽然金属给人的感觉总是坚硬无比，但却只是一种相对的牢固。金属越坚硬，在同样的作用力下对板材的损耗也越大。很多五金件的厂商使用一些新技术合金材料看似牢固无比，也的确能延长五金件的使用周期，但对板材的损耗其实更大。质地坚硬的金属部件在家具板材中受到作用力的驱使，迫使板材损坏变形，导致家具松动直至最终破损。对于人造的板材来说，金属件太硬了。它像是一种外来的物体，有排斥性，而木质的榫卯结构则没有这个问题。在榫卯结构的连接处，结构与家具本身很好地融为一体，就像身体生长的组织一样，使用榫卯结构的家具可以做到传代就很好地说明了这一点的优越性。

就形式而言，榫卯结构的形式虽然繁多，但依赖现代更先进的技术的帮助，五金件在形式和种类上可以说丝毫不输给榫卯结构，而且由于市场的需要，还有更多形式、结构各异的五金件正在被设计出来。榫卯结构在形式上是独有的，每种不同的榫卯都有自己的名字和属于自己的安装方法，也包括自己特有的形状。看起来这虽然不符合现代标准化、规模化的生产特点，但也带来了好处，那就是良好的辨识性和唯一性。五金件是现代化生产标准下的产物，易于加工和更换，但其中标准太多，普通的使用者几乎没法知晓其中的参数。例如同样需要更换一个门框铰链，不同的厂商在不同时期都生产不同的铰链，安装时的螺栓位置都有所不同，这对普通的使用者而言是一件很头疼的事情。五金件和板材连接件（比如螺栓等）都是圆形的，因为打孔的关系，它们的受力往往在一条线上，这更加快了板材的损耗，而榫卯结构则能较好地将力传导到家具的其他部件，前文中夹头榫的受力原理正是如此。

榫卯结构和五金件的差异也在于加工性。榫卯结构的加工用的是人力，因为当时生产技术的局限性，家具的制作中极少出现金属的辅助连接件。从某种角度讲，榫卯的形式更能让普通人理解。多数人见过组装的榫卯结构之后对其结构和安装顺序都有了大致的了解，这对

图 4–37
作品“随便”系列

日后的维护和二次组装很有好处，而五金件的加工依靠的是机器，只有设计人员能够了解其结构，安装人员了解的只是五金件在家具上的安装步骤，而使用者所能理解的也停留于安装步骤这一层面。

通过对榫卯结构和五金件的对比，我们可以发现，五金件的优点集中于大规模的先进加工手段和计算机的辅助设计。但是在结构上，榫卯结构则相对有着自身很强的优势。如果能通过先进的加工手段，且基于榫卯结构的设计理念对连接件进行新的设计，可能是改良现代板式家具设计的有效手段之一。

4.5.2.2 “随便”反思之二：榫卯结构的变异和重组

“随便”桌椅系列（图 4–37）的设计者采用重构的方法在保留传统结构精髓的前提下，依照现代人的审美观念，对榫卯结构进行了变异和重组。作者重新设计的“Y”形榫（图 4–38、图 4–39）并不是通过木销来完成安装的，而是与桌腿一体化，并在每条桌腿的内侧增加了一个直角三角形的插入式支撑件。考虑到较为沉重的桌面，作者在桌腿的安装方式上也顾及了使用者的不便，没有再设计复杂的安装方式让使用者花较长的时间来组装桌子。桌腿在安装时只需要由外向内插入桌面即可，简单至极。同时，这种近乎立体的“Y”形可以获得更大

图 4–38
作品“随便”系列中桌子的局部图

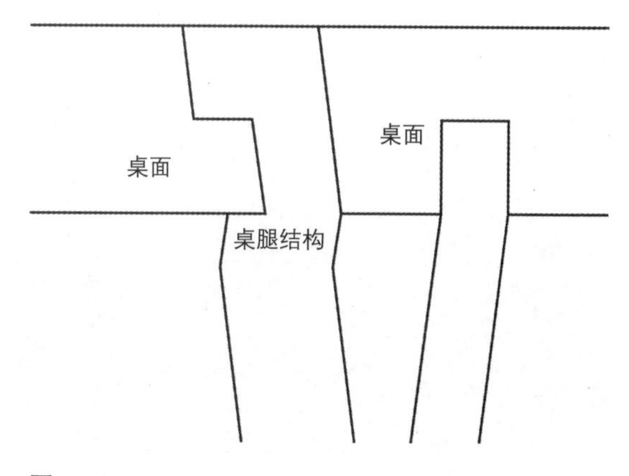

图 4–39
作品“随便”系列中桌子“Y”形榫结构简图

图 4-40
作品“随便”系列中椅面下端与四个腿足

图 4-41
作品“随便”系列中桌子各部件分解图

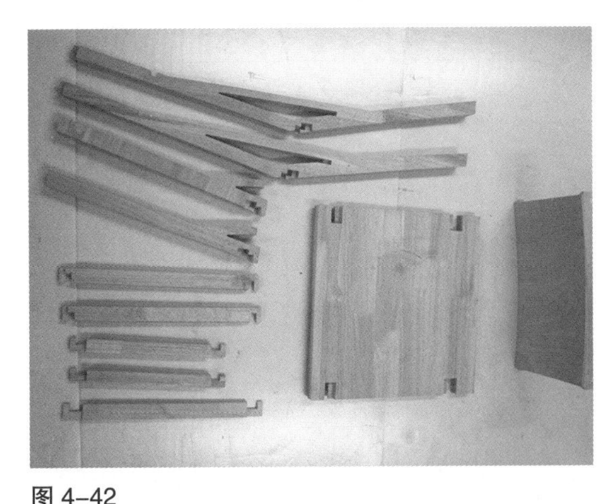

图 4-42
作品“随便”系列中椅子各部件分解图

的受力面积来分担人和物对桌子的压力，保持桌子的平稳。

为了让桌椅看上去更整体，作者借鉴了桌腿的“Y”形榫，重新设计了椅子的前后腿，并把椅子的后腿和与椅背设计成一体。经过几次用户体验后发现，立体的“Y”形虽然能让椅子结构变得稳固，但是椅子却无法很好地承受人的重量。使用者坐上去之后，整张椅子的受力是不均匀的，后面的椅腿会承受比前面椅腿更多的重量，导致椅子结构整体不稳。于是作者重新设计了一种框架结构让椅子能够均匀的受力，简单来说，就是用四个“Y”形的椅腿穿过一个矩形的框架结构，传导人的重量到四个椅腿上。在实验中，它被证明是一种可行的方案（图 4-40）。

4.5.2.3 “随便”反思之三：设计的合理性与组装的便捷性

“随便”桌椅系列在经济性、结构强度和加工性等方面努力寻求一个平衡点，整套作品既能满足日常生活的基本需求，也能达到多次拆装的强度要求。例如在材料的选择上，通过对现有板式家具用材的对比，作者最终选用了实木拼板作为设计的基材，这种板材价格适中，经数控机床加工后有很好的结构强度，这有助于延长家具的使用寿命，并利于多次拆装。

“随便”系列所有的部件组合在一起，构成一个能够徒手组装拆卸的家具系统。每个部件的接口都有所不同，相同结构的部件，如两个前椅腿可以互相对换，减少了用户组装时的错误发生率，增加了部件的通用性。这样的设计不仅可以加快用户熟悉产品的速度，同样也加快了家具加工的速度，降低了整套家具系统的成本（图 4-41、图 4-42）。

家具徒手拆装方式可以成为用户的一个乐趣，不用准备任何工具，甚至不需要重复看图纸就可以完成安装。同时，设计师采用

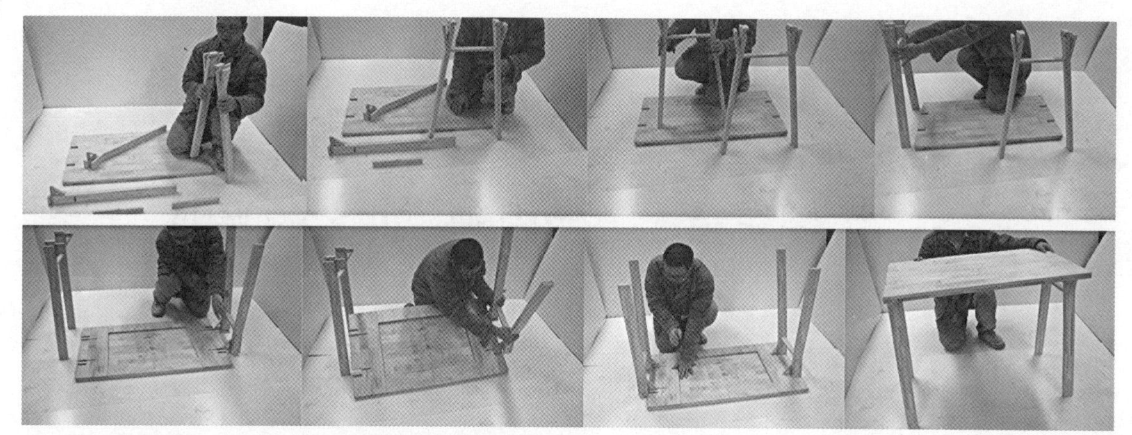
图 4-43　作品“随便”系列中桌子的安装步骤图

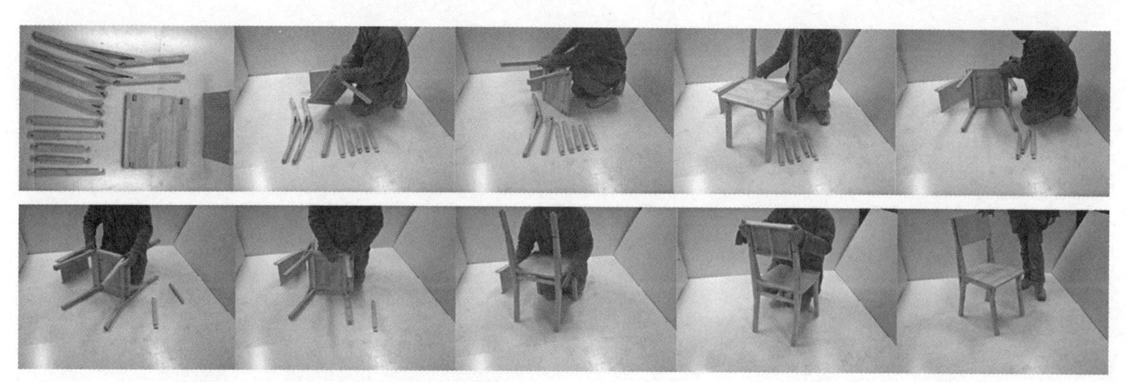
图 4-44　作品“随便”系列中椅子的安装步骤图

不同的形状来区别每个部件的结构，可视性较好，避免了使用中的错装。另外，家具的运输不需要搬家公司和厢式货车，只需要用户一个人和一部家用的小汽车就可以完成整个运输的过程（图 4-43、图 4-44）。

【思考题】

1. 木榫连接的分类有哪些？

2. 直角榫、圆榫和燕尾榫接合的技术要求是怎样的？

3. 明式家具的经典结构有哪几类？选取其中一二种，绘制示意图，并制作参考模型。

4. 为什么传统榫卯结构的现代演绎须具备整体观？

5

第五章　外柔内刚：曲木的张力

【课程内容】

1. 实木弯曲的基本原理、材料及生产工艺；

2. 薄板胶合弯曲的原理、材料及生产工艺。

【学习目的】

1. 理解实木弯曲的基本原理，掌握实木弯曲对材料及生产工艺的要求；

2. 理解薄板胶合弯曲的原理，掌握薄板胶合弯曲对材料及生产工艺的要求；

3. 了解其他木材弯曲成型工艺；

4. 培养学生查阅资料的能力，了解现代木材弯曲在材料、加工工艺、设备等方面的最新发展动向；

5. 正确理解材料与设计之间的关系，培养学生对新材料、新技术的敏感性并关注前沿案例，激发学生在产品设计中创造性地挖掘材料的潜力。

曲木，广义上是指经过特殊工艺加工制成的弯曲实木或者弯曲木制复合板；狭义上，特指以实木单板为主要原料而制成的各类产品。根据欧美文献资料，曲木的历史可以追溯到 18 世纪，但真正将曲木应用于商业是在 19 世纪 50 年代，随后由一些家具公司将其逐渐发扬光大，直到今天发展成了一个专业的门类。

在实际的木材类制品加工中，曲线或者曲面零部件的生产方法主要可以分为锯制加工和加压弯曲成型两大类。锯制加工，就是直接在木料上锯出曲线形的部件。这里的木料可以是一整块木材，也可以是经过方材胶合后制成的较宽的实木拼板或集成材。锯制加工的生产工艺简单，不需要专门的生产设备，但是木材的利用率低，而且木材的纤维被切断，制成的零部件强度也大大降低。同时，由于木材纤维端头被暴露在外面，使得后期的铣削质量和装饰质量都难以保证。加压弯曲成型是指用加压的方法把直线形的方材或者圆材、薄木（单板）或者碎料（刨花、纤维）压制成各种曲线形的零部件。加压弯曲成型可以避免锯制加工的种种缺点，实木弯曲、薄板胶合弯曲、开槽胶合弯曲、碎料模压成型等都属于加压弯曲成型加工。

5.1 实木弯曲

实木弯曲是通过对木材进行软化处理和加压，使木材弯曲成型的一种方法。用这种方法制得的曲线形零件，线条自然流畅，形态美观，强度好且省工省料，并能够保留木材丰富的天然纹理和色泽，因而在现实生产中应用较广。

5.1.1 实木弯曲的基本原理

木材在弯曲时，会逐渐形成凹凸两个面，在凸面产生拉伸应力，在凹面产生压缩应力。其中，需要注意的是，应力分布是由材料表面向中间逐渐减小的，而中间一层纤维既不受拉伸，也不受压缩，这就是中性层（图 5–1）。从图中可以看到，长度为 L 的方材弯曲后，拉伸面的长度变为 $L+\Delta L$，压缩面的长度变为 $L-\Delta L$，中性层的长度仍然是 L。此外，我们还需要理解两个概念：相对拉伸形变和弯曲性能。相对拉伸形变一般用 ε 来表示，它是 $\Delta L/L$ 的比值，$\Delta L/L = h/2R$，其中 h 代表弯曲方材的厚度，R 代表弯曲半径；而弯曲性能则是 h/R 的比值，

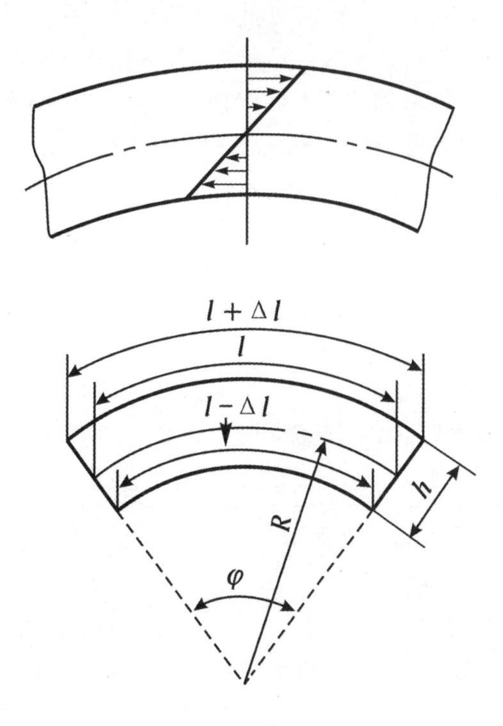

图 5–1
木材弯曲时应力与形变

$h/R = 2\varepsilon$。从公式可以看出，对于同样厚度的方材，能弯曲的曲率半径越小，说明其弯曲性能越好。对于一定树种的木材，在其弯曲性能一定的条件下，木材厚度越小，弯曲半径也越小。

弯曲性能通常受木材相对形变 ε 的限制，如果超过木材允许的形变，就会产生破坏。为了保证木材的弯曲质量，必须注意木材顺纹拉伸和压缩的应力与形变规律。常温下，气干材顺纤维方向拉伸形变量通常为 0.75% ~ 1.0%，最大可以达到 2%。顺纹压缩形变量随树种的变化而有较大差异：针叶材和软阔叶材为 1.0% ~ 2.0%；硬阔叶材为 2.0% ~ 3.0%，最大可以达到 4%。因此，木材在常态下气干而直接进行弯曲加工的可塑性很小。拉伸形变量很容易达到极限值，这时拉伸面纤维被拉断破坏，压缩面会产生皱褶，从而难以获得要求的弯曲曲率半径。

但是，在高温、高含水率的条件下，顺纹压缩形变量可比气干材大得多，硬阔叶材可达 25% ~ 30%，针叶材和软阔叶材可以达到 5% ~ 7%；而顺纹拉伸形变量则增加很小，通常不超过 1.0% ~ 2.0%。如前文所述，木材弯曲性能直接受到顺纹拉伸形变量的限制，$h/R = 2\varepsilon$。因此，在高温高含水率的条件下，虽然压缩面具有更大的允许形变，但是拉伸面的允许形变量非常有限，这样，弯曲的曲率半径仍然受到很大的限制。怎样才能既保证在材料弯曲时拉伸形变不超过允许值，不被拉断，又能充分利用受压面较大的压缩形变量呢?

在实际生产中，除采用软化处理外，在木料弯曲时的受拉面外侧再覆贴上一条金属带，木料的两端顶住端挡块，使其与金属带构成一个整体一起进行弯曲。采用金属带可以较大地承受弯曲时拉伸面所受到的拉力，使中性层向凸面方向转移，以减少受拉一侧的拉伸形变，又可以充分利用受压一侧较大的允许压缩形变，将直木料弯曲到所需要的弯曲程度。

因此，欲将直木料弯成所设想的曲率半径，可以采取以下两项措施：一是对实木料进行软化处理，提高它的塑性；二是采用 0.2 ~ 2.5 毫米厚度的不锈钢或者铝合金等金属带紧贴在被弯曲木料的受拉面，使其构成一个整体后再进行弯曲。

5.1.2　实木弯曲的工艺流程

实木弯曲的工艺流程包括毛料的选择和加工、软化处理、弯曲和干燥定型。

5.1.2.1　毛料的选择和加工

毛料在弯曲前的准备工作与其后的弯曲质量有很大的关系。

首先，不同树种木材的弯曲性能差异很大。即使是同一树种，在同一棵树上不同部位的木材，弯曲性能也不相同。一般来说，硬阔叶材的弯曲性能优于针叶材和软阔叶材；幼龄材、边材比老龄材、心材的弯曲性能好。所以，毛料的选择要按照零件的断面尺寸和加工形状来挑选弯曲性能合适的树种。根据生产中的有关试验得出：硬阔叶材树种中，榆木的性能最好，时间也最短，水曲柳也具有良好的弯曲性能，但是需要较高的处理温度。

其次，在选择曲木材料时，还必须注意剔除腐朽、轮裂、乱纹理、大节疤、表面间隙等缺陷，否则在弯曲时容易开裂。通常毛料的纹理要通直，斜度不得大于 10 度。

再次，应注意毛料的含水率，含水率对弯曲质量和加工成本都有很大的影响。含水率过低，弯曲性能差；含水率过高，弯曲时会形成静压力，使木材膨胀，容易产生废品，而且也将延长干燥定型的时间。一般不进行软化处理的弯曲毛料含水率以 10% ~ 15% 为宜，要进行蒸煮软化处理的毛料含水率应为 25% ~ 30%，高频加热软化的毛料含水率应大于 20%。

选择好毛料后还需预先进行表面刨光，消除锯痕，以便弯曲时木料能紧贴金属夹板，消除应力集中现象，还能简化弯曲后零件的表面加工。表面刨光后，要在弯曲部位作出记号，以便准确定位。

薄而宽的毛料，弯曲过程中稳定性好，弯曲方便。厚而窄的毛料，应该把几个同时排在一起进行弯曲，就会如同薄而宽的毛料那样便于弯曲。

5.1.2.2　软化处理

软化处理的目的是使木材具有暂时的可塑性，以使木材在较小力的作用下能按照要求变形，并在变形状态下重新恢复木材原有的刚性、强度。因此，为了改进木材的弯曲性能，需要在弯曲前进行软化处理。软化处理的方法可以分为物理方法和化学方法两大类。

1. 物理方法

物理方法多以水作为软化剂，同时加热达到木材软化的效果。物理方法一般有火烤法、蒸煮法、高频加热法、微波加热法等。

蒸煮法，即采用热水煮沸，或者高温蒸汽煮。高温蒸汽煮的方法是把木材放在蒸煮锅里（图 5-2）通入饱和蒸汽进行蒸煮，毛料间要有一定的空隙，蒸煮才均匀。采用饱和蒸汽可以防止木材表面过干而开裂。毛料蒸煮的时间随树种、材料厚度、处理温度等的不同而变化。在处理厚材时，为缩短时间，采用耐压蒸煮锅，提高蒸汽压力。如果蒸汽压力过高，往往会使木材表层温度过高，软化过度，而中心层温度还较低，则软化不足，弯曲时凸面易产生拉断。通常在 80℃以上温度水蒸时，约需处理 60 ~ 100 分钟，用 80 ~ 100℃蒸汽汽蒸时，约需处理 20 ~ 80 分钟。对榆木、水曲柳的处理条件见表 5–1。木材蒸煮软化的温度、时间是影响实木弯曲质量的重要因素之一，控制好这两个因素对于提高弯曲质量、降低废品率具有重要的意义。

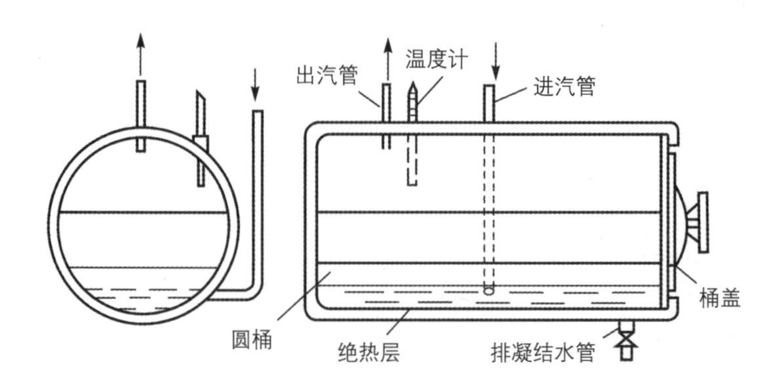

图 5–2　蒸煮锅

木材蒸煮处理参数　　表5–1

树种	材厚（mm）	温度（℃）			
		110	120	130	140
		不同温度下所需要的时间（分钟）			
榆木	15	40	30	20	15
	25	50	40	30	20
	35	70	60	50	40
	45	80	70	60	50
水曲柳	15	—	80	60	40
	25	—	90	70	50
	35	—	100	80	60
	45	—	110	90	70

用蒸煮法处理木材，工艺技术成熟，方法简单，成本低，但是会使木材的含水率增大，并延长干燥定型的时间。由于木材细胞腔内还存在自由水，弯曲时易产生静压力而造成废品，特别是在弯曲厚板时，还会因受热不均而产生破损，因此蒸煮法现多用于薄板弯曲成型中。

高频加热法是将木材置于高频振荡电路工作电容器的两块极板之间，加上高频电压，即在两极之间产生交变电场，在其作用下，引起电介质（木材）内部分子的反复极化，分子间发生强烈摩擦，这样就将电磁场中吸收的电能变成了热能，从而使木材加热软化。电场变化越快，即频率越高，反复极化就越激烈，木材软化的时间就越短。用高频加热法软化木材，速度快，周期短，加热均匀，软化质量好。木材厚度越大，高频加热的优势就越明显。

在 20 世纪 80 年代出现了一种木材软化的新方法——微波加热法。它的原理在于，一定频率、一定波长的电磁波对电介质有穿透能力，能够激发电介质分子极化、振动、摩擦生热，进而使木材软化。由于热量来自木材内部，使温度迅速升高，从而可以大大缩短软化的时间。例如厚度为 2 厘米的板材用蒸汽软化需要 8 小时，而用微波加热只需 1 分钟。微波处理木材的温度容易得到控制，使木材在最佳工艺条件下软化。经实验证明，在 2450 赫兹的微波加热下，断面尺寸为 20 毫米 ×10 毫米的木材可以弯曲到曲率半径为 150 毫米。微波加热快而均匀，可以使弯曲和定型连续进行，受到越来越多的重视。

2. 化学方法

可以用于木材软化处理的化学方法有液态氨处理法、气态氨处理法、氨水处理法、脲素处理法、碱液处理法等。

液态氨处理法是指将气干或者绝干的木材放入 33 ~ 78℃的液态氨中浸泡 0.4 ~ 4 小时之后取出，此时木材已经软化，进行弯曲成型加工后，放置一定的时间使氨全部蒸发，即可固定其形态，恢复木材的刚度。在常温处理下，木材易于变形的时间仅为 8 ~ 30 分钟。厚 3 毫米的单板，在氨中浸渍 4 小时，就能得到足够的可塑性，可以进行任意弯曲。与蒸煮法相比，这种方法可以使木材的弯曲半径更小，几乎能适用于所有树种的木材；弯曲所需要的力矩较小，木材破损率低；弯曲成型件在水分作用下，几乎没有回弹。

碱液处理法是指将木材放在 10% ~ 15% 氢氧化钠溶液或者 15% ~ 20% 氢氧化钾溶液中，达到一定时间后，木材即明显软化。取出木材用清水清洗，即可进行自由弯曲。这种方法的软化效果很好，但容易产生变色和塌陷等缺陷。为了防止这些缺陷的产生，可以用 3% ~ 5% 的双氧水漂白浸渍过碱液的木材，并用甘油等浸渍。用碱液处理过的木材虽然干燥定型了，但浸入水中则仍可以恢复可塑性。

用化学方法软化弯曲的木材，弯曲半径小，几乎不受树种的限制，而且尺寸稳定，但是会产生木材变色和塌陷，有的方法也会使木材强度有所下降。另一方面，化学方法软化木材的工艺比较复杂，成本也略高。

5.1.2.3　加压弯曲

木材加压弯曲可分为简式弯曲和复式弯曲。简式弯曲又称为纯弯曲，主要是针对曲率半径较大、厚度小、容易弯曲的零件而采用的一种简单的弯曲工艺方法；而复式弯曲是使木材在纵向受压的状态下进行弯曲操作，即将木材放在两端设有挡块的金属夹板间，拉紧夹板，使木材因端面受到压力而产生一定的收缩，从而在弯曲时可使中性层外移，木材也可获得更好的弯曲性能。用这种方法处理木材，金属夹板的宽度要比方材稍大，方材装入夹板前，要选择光洁的表面贴向金属夹板。压力要适中，压力过小则不起作用，压力过大则引起压缩破坏。端面挡块压力对弯曲质量影响很大，一般弯曲硬阔叶材时，端面压力

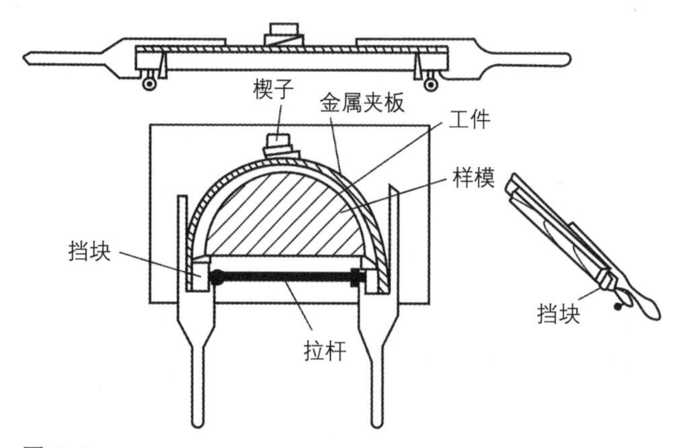

图 5-3
木材弯曲手工木夹具

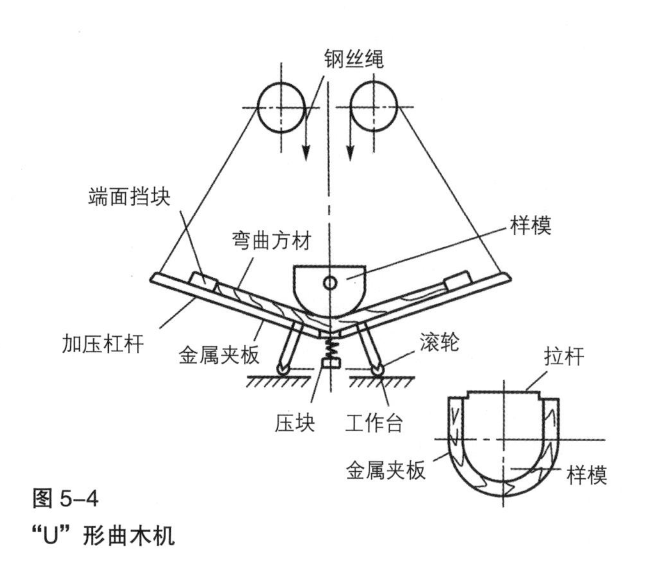

图 5-4
"U" 形曲木机

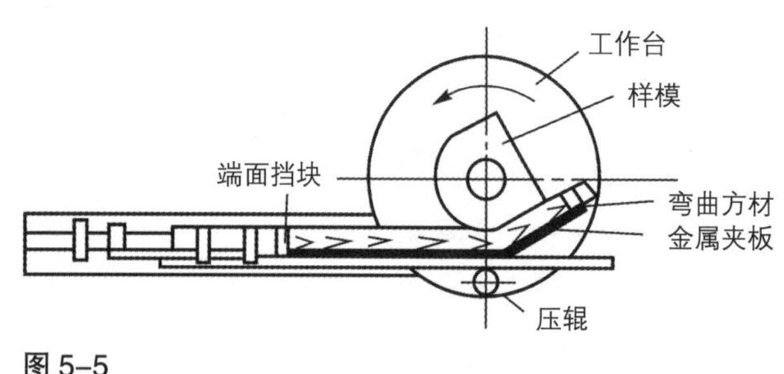

图 5-5
回转型曲木机

为 2 ~ 3MPa。考虑到弯曲过程中允许一定程度的伸长，端面挡块之间的压力可由楔状木块、球形座和螺杆来调节。

木材弯曲操作需要用手工或机械的方法来完成，弯曲形状可以是二维空间曲线或三维空间曲线。在实际生产中，三维空间曲线及"S"形零件通常用手工弯曲，而椅子后腿、椅背横档等的曲率半径较小，形状简单的零件大批量生产时用压机式曲木机，"U"形、"O"形等零件则用"U"形和回转形曲木机来制造。

1. 手工弯曲

手工弯曲是指用手工木夹具来进行加压弯曲。夹具由样模（可用金属或木材制成）、金属夹板（稍大于被弯曲的工件，厚 0.2 ~ 2.5 毫米）、端面挡块、楔子和拉杆等组成（图 5-3）。

弯曲时，先将工件放在样模和金属夹板之间，两端用端面挡块顶住，对准工件上的记号和样模中心线打入楔使之定位，扳动杠杆把手，使工件全部贴住样模为止，然后用拉杆拉住工件两端后，连金属夹板和端面挡块一起取下，进行干燥定型。

2. 机械弯曲

成批弯曲形状对称的不封闭型零部件，常用"U"形曲木机（图 5-4）；弯曲形状为"O"形的封闭零件，常用回转型曲木机（图 5-5）。

在"U"形曲木机中，工件放入指定位置后，将金属夹板放在加压杠杆上，升起压块，定位后，开动电机，两侧加压杠杆升起，使方材绕样模弯曲，一直到全部贴紧样模后，再用拉杆固定，弯曲好的工件连同金属夹板、端面挡块一起取下，送往干燥室定型。回转型曲木机的样模装在垂直主轴上，由电动机通过减速机构带动主轴回转，使毛料逐渐绕贴在样模上，用卡子固定工件后，将样模和工件连同金属夹板一起取下，干燥定型。需要注意的是，弯曲速度是影响弯曲质量的重要因素之一。速度过慢，木材容易变冷而降低塑性；速度过快，则木材内部结构来不及适应弯曲变形，也容易破损。一般弯曲速度以每秒钟 35 ~ 60 度为宜。

5.1.2.4　干燥定型

将弯曲状态下的木材干燥到含水率为 10% 左右，使其弯曲变形固定下来。通过物理方法软化处理的木材，含水率达 40% 左右，如果弯曲后未进行干燥就立即松开固定拉杆（压力），弯曲木材会在弹性恢复下伸直，因此需要将工件在弯曲状态下干燥到含水率符合要求，并且形态稳定为止。

目前生产中常用的干燥定型方法有窑干法定型、自然干燥法定型、高频干燥定型、微波干燥定型等。窑干法定型是指将弯曲好的工件连同金属钢带和模具（有时不带模具）一起，从曲木机上卸下来堆放在小车上，送入定型干燥室。干燥室可以是常规的热空气干燥室，也可以用低温除湿干燥室。窑干法定型的干燥质量好，干燥周期稍长。自然干燥法定型是指将弯曲好的工件放在大气条件下自然干燥、定型，所需时间长，质量不易保证。除了一些大尺寸零件、大尺寸弯曲建筑构件外，家具生产中已很少采用。高频干燥定型是指将弯曲木置于高频电场中就能使其内部发热，干燥定型。高频干燥定型工艺的特点是干燥定型速度快，生产周期短，模具周转快，生产效率高，而且定型的弯曲木质量较稳定，含水率较均匀，尤其当木材厚度较大时，更为显著。微波干燥定型利用了微波穿透能力较强的特点，弯曲木只要在微波炉内经过数分钟的照射，就能干燥定型。在日本和欧美等国，多在微波加热装置内放置弯曲加压设备，使木材的软化处理、弯曲加工和干燥定型能连续进行，而且使用光纤温度传感器来正确测定微波加热时的木材温度，可使微波照射过程自动地控制在适宜的温度范围内。用微波干燥定型木材，效率高、质量稳定、弯曲半径小、周期短，还能实现微电脑控制，具有很好的发展前景。

5.1.3　材料与设计：相生相成，相倚为强

谈起现代的曲木家具历史，不得不提的一个人就是德国人（另说奥地利人，生于莱茵河旁的一个小村庄 Boppard 城）迈克尔·索耐特（Michael Thonet，1796-1871），他不仅能够代表 19 世纪末到 20 世纪初的家具设计的最高水平，而且他是最早的实木弯曲家具的设计者。

1830 年，索耐特开始试验压力弯曲木片、木条，再用动物胶固定

形状，用这个方法做家具。他用多层木片叠合弯曲，再用胶固定，于1836年成功地制造出了第一把弯木椅子，叫做“波帕德椅子”（德文中叫做“Bopparder Schichtholzstuhl ”，相当于英语中的“Boppard Layerwood Chair”）。要推广自己的弯木技术就必须拥有专利，1837年间，索耐特设法在德国、英国、法国、俄国申请专利，但是都不成功。索耐特回过头来着力改进自己的椅子，用热蒸汽来弯木，材料上选择更加细一点、轻一点、结实一点的木条，做出了更加优雅、轻巧、美观的索耐特椅子。掌握了新技术之后，他继续设计，终于做出了整套利用这种技术的家具系列，时髦、漂亮、典雅，又能够批量生产，完全摆脱了以前各种弯木椅子的笨拙、沉重感，是当时功能和形式完美结合的最好的典范。这批椅子叫做“波帕德椅子”，这是索耐特椅子开始的名称。

历经波折，1849年，索耐特重新建立了自己的家具公司，叫做索耐特家具公司（the Gebrüder Thonet），1850年，设计了索耐特一号椅子，并且被选送参加1851年在伦敦举行的“水晶宫”世界博览会，这种弯木椅子是如此的精致和典雅，世博会授予了索耐特椅子铜牌，这是他的设计第一次获得国际承认，当然也为索耐特椅子打开了国际市场。回到维也纳之后，索耐特继续改进自己的设计，他的椅子更加轻巧、优雅、结实，线条更加流畅，也能够用更快的速度批量生产（如图5-6所示，这是对索耐特椅子的零部件进行手工弯曲的夹具）。在1855年的巴黎世界博览会上，改进后的新索耐特椅子获得了银牌。这时，索耐特椅子已经成为国际市场中热销的产品了。1856年，索耐特在摩拉维亚的科里查尼（在今捷克东部），改用性能更好的山毛榉木生产索耐特椅，他自己也成了企业家。

最著名的索耐特椅子，是1859年设计、生产的14号椅子（图5-7），这是专供咖啡馆用的椅子，德文中叫做“Konsumstuhl Nr.14”，这把椅子如此优美、流畅、轻巧，被称为“椅子中的椅子”，从那时候，批

图5-6（左）
对索耐特椅子的零部件进行手工弯曲的夹具
图5-7（右）
索耐特14号椅子

量生产，长久不衰，1867 年举办的巴黎世博会曾授予索耐特 14 号椅子金奖。这把椅子不仅是世界上第一把批量生产的椅子，也是有史以来最成功的产品之一。时至今日，14 号椅子一直在销售，至今已经销售了 5000 万把。

图 5–8　奥格拉椅

14 号椅子的主要构架是弯曲压制的山毛榉和藤条编制的座面，不仅造型优美、简洁而且结构简单、易拆装。椅子可以拆解为 6 个部分（加上几个螺钉和螺母），其设计保持了约 150 年没有任何变化。这是一把可以随时进行平板包装的椅子，这就意味着它造价低廉，并容易被运送到世界各地。在当时那个装饰艺术盛行的年代，索奈特的 14 号椅子无论在路边的咖啡厅，还是在上流社会的社交场所，都随处可见。因为这把椅子简洁有力的造型，可以任意搭配生活空间，所以适用的范围极其广泛，它可以看作是现代设计的早期探索。“没有什么事物的构思会比这把椅子更优雅、更好，其工艺也不会更精湛，此外其功能也不会更卓越。”勒·柯布西耶（Le Corbusier，1887—1965）称，他自己就购置了不少索耐特椅，并放置在不同的室内环境中。14 号椅超越了时尚，对后世产生了深远的影响，并且有着诸多的模仿者，尤其是宜家的奥格拉椅（图 5–8），是其公司生产了 40 年的固定产品。

其实，我们很难准确地统计有多少设计师从索耐特的椅子中受到启发，他对材料的创新使用和开放意识是其中最发人深省的元素。索耐特发明了实木弯曲的技术，这无疑是伟大的，但是他的创新设计理念带给后人的启发却更大。索耐特的椅子在那个时代可算是工业化的产品，但是却不像那个时代的工业产品一样外形粗糙简陋，毫无美感，甚至坠入过分装饰、矫揉造作的维多利亚风格的泥潭。对比一下 1851 年水晶宫世界博览会中的那些展品——把哥特式纹样刻到铸铁的蒸汽机体上，在金属椅子上用油漆画上木纹，在纺织机器上加了大批洛可可风格的饰件，凡此种种，你就会明白索耐特的椅子为什么会让人感到给那个浮夸和奢靡的时代带来了从束缚中挣脱出来的力量。与此同时，索耐特作为一名企业家，或者说是技术人员，并没有像那个时代的设计改革者一样用手工艺方式、简单的哥特式或者自然主义装饰来达成实用与美观相结合的设计目标，他赋予了这种曲木新工艺以恰如其分的新形式，它并非来源于历史的故纸堆，也没有把自己设计成只为少数人使用的特殊产品，而是直面使用者和生活的需求，简单明了，舒适结实。柯布西耶曾说：“这种椅子在欧洲大陆和南北美洲被数以万计的人使用，这表明它本身所具有的尊贵品质。”的确，不只是列支敦士登、施瓦岑贝格皇室愿意收藏和使用索耐特椅子，而且可以毫不夸张地说，这些线条流畅的椅子几乎曾出现在巴黎塞纳河岸边每一家咖啡馆的露台上。索耐特不是“形式追随功能”口号的提出者，但他用自己的作品践行了 20 世纪现代设计运动最有影响力的信条。

正如王受之先生所言，材料的发展是工业设计的重要发展依据之一。产品设计可以说是一个不断发现材料、利用材料的创造过程，几乎每一次新材料、新工艺的出现，都会产生一种新的设计风格，一种新的设计理念，乃至一种新的生活方式。材料与产品设计之间是相互作用的，有时一种设计促进了工艺的改进，实现了产品特有的功能或形式；有时一种新工艺、新材料又能反作用于设计，激发更多的创意灵感，促使设计的升华。索耐特第 14 号椅正是属于后者。德国设计师魏奈・艾林格（Werner Aisslinger，1964–）曾这样总结设计与材料的关系："在我看来，设计直接和新材料与新技术相关。当新材料出现时，旧有的偶像会被重新评估，设计也许能变得更好。"在这个新时代，创新的承载在于产品以及产品带给人们的消费体验和生活体验。随着科技的进步，人们拓宽了材料的领域，可以说，没有什么材料是不可以用的，而是看它适合用在什么地方。将产品设计与材料设计相结合，进行新产品的创新开发工作，加强对固有材料、新材料、新工艺的认识，结合产品创新理论，创造性地发掘材料在产品设计中的潜力及其功能性，不仅能够提出很多有价值的设计方案和技术改造思路，还能创造一种新的生活方式及体验。

尽管它只是几段被弯曲了的木头，但索耐特第 14 号椅子带给我们的是 150 多年来材料与产品设计相生相成、相倚为强的思考。

5.2 薄板胶合弯曲

由于实木弯曲性能要求高，选料较为困难，弯曲过程中容易产生废品，因此在实际生产中已逐渐转向薄板层压胶合弯曲成型。薄板胶合弯曲主要是指利用模具，通过加压的方法，将薄木或者单板压制成各种弯曲件。薄板胶合弯曲有如下特点：可以胶合弯曲成曲率半径小、形状复杂的零部件，弯曲造型多样，线条流畅，简洁明快；节约木材，与实木弯曲工艺相比，可以提高木材利用率约 30% 左右，凡是胶合板用材，均可用来制造胶合弯曲件；省工；具有足够的强度，因而在产品设计中得到广泛应用。

5.2.1 薄板胶合弯曲的原理

如前文所述，木材的弯曲性能用 h/R 表示。因此我们可以知道，在弯曲性能一定的情况下，薄板的弯曲半径要比厚板的弯曲半径小得多。薄板胶合弯曲就是利用这种原理来工作的。

在弯曲过程中，胶层尚未固化时，各层薄板间是可以相互滑移的，几乎不受牵制。每一层薄板的凸面产生拉伸应力，凹面产生压缩应力，应力大小与薄板厚度有关，因此胶合弯曲件的最小曲率半径不是按照弯曲件的厚度计算的，而是以薄板厚度 s 来计算。例如制造曲率半径为 60 毫米，厚度为 25 毫米的弯曲件，用方材弯曲，其弯曲性能必须是 $h/R=25/60=1/2.4$，这就要用材质非常好的硬阔叶材，而且还需要软化处理才能达到。但是，如果采用薄板弯曲，以厚度为 1 毫米的一摞薄板胶合弯曲，就只要求其弯曲性能为 $s/R=1/60$，不需要软化处理就可以达到要求。这样软阔叶材和针叶材都可以用来作胶合弯曲用材。因此，薄板胶合弯曲技术能够节约木材，扩大木材弯曲的树种范围，与实木弯曲工艺相比，可以提高木材利用率约 30%。同时，这种技术可以得到曲率半径小、形状复杂的零部件。

5.2.2 薄板胶合弯曲的工艺流程

薄板胶合弯曲是将一叠涂过胶的薄板按照要求配成一定厚度的板坯，然后放在特别的模具中加压弯曲、胶合和定型制得曲线形零部件的一系列加工过程。它的生产工艺可以分为薄板准备、涂胶与配坯、加压成型、部件的陈放、部件的加工等工序。

5.2.2.1 薄板准备

1. 薄板的种类及选择

薄板的种类有：单板、竹单板、胶合板、硬质纤维板等。

制造单板的树种，目前国内主要采用水曲柳、桦木、柳桉、椴木、柞木、马尾松、杨木等，欧洲多采用山毛榉、橡木、桦木等。单板胶合弯曲件的表层和芯层，其树种可以相同，也可以不同。一般来讲，芯层单板应保证弯曲件在强度和弹性上的要求。为了获得美丽的外观，单板胶合弯曲时，在板坯表面配置纹理美丽的刨切薄木，芯层用普通树种的旋切单板。

胶合弯曲件薄板品种或者单板树种的选择应根据制品的使用场合、尺寸、形状等来确定。例如家具中的悬臂椅要求强度高、弹性好，可以选用桦木、水曲柳、楸木等树种的单板。

2. 薄板制作

薄板制作分为旋切、刨切两种，在切削前均需进行蒸煮软化处理。加工制作的单板厚度应均匀，表面光洁。单板的厚度根据零部件的形状、尺寸，即弯曲半径和方向来确定。弯曲半径越小，则要求单板厚度越薄。对于一定厚度的胶合弯曲零部件来说，单板层数增加，用胶量就增大，成本也随之提高。通常，制造家具零部件时，刨切薄木的厚度为 0.3 ~ 1 毫米，旋切单板厚度为 1 ~ 3 毫米；制作建筑构件，单板厚度可以达到 5 毫米。

3. 薄板干燥

单板含水率与胶压时间、胶合质量等密切相关。我国目前一般控制在 6% ~ 12%，最大不能超过 14%。因为单板含水率过高会降低胶粘剂的黏度，热压时，胶容易被挤出而影响胶合强度，也会延长胶合时间。同时，含水率过高会使单板在热压时板坯内的蒸汽压力过高，从而导致脱胶、鼓泡等现象。如果含水率太低，木材则会吸收过多的胶粘剂而形成表面缺胶，导致胶合不良。含水率过高、过低都会影响胶合质量，所以对旋切、刨切单板都要进行干燥处理。

5.2.2.2 涂胶与配坯

1. 涂胶

用于胶合弯曲的胶粘剂品种有很多，胶种的选择应根据胶合弯曲构件的使用要求和工艺条件进行考虑。例如室内用家具胶合弯曲件用胶需要从装饰性和耐湿性出发，要求无色透明，而且具有中等耐水性，所以适宜采用脲醛树脂胶和三聚氰胺改性脲醛树脂胶；制造室外用胶合弯曲件，如建筑构件等，需要用耐水、耐气候的酚醛树脂胶和间苯二酚树脂胶；采用高频加热时，适宜采用专门的胶粘剂。单板的涂胶量取决于胶料、树种等因素，生产中常用四辊涂胶机涂胶。

2. 配坯陈化

配制板坯的方式与弯曲件的形状尺寸和受力方向有关。单板的层数根据单板的厚度、弯曲件厚度以及胶合弯曲时板坯的压缩率来确定。胶合弯曲的板坯压缩率要比平面胶压时大，通常压缩率为 8% ~ 30%。

配板坯时，各层单板纤维的配置方向与胶合弯曲零件使用时受力方向有关，有如下三种配置方法：①平行配置：各层单板的纤维方向一致，适用于顺纤维方向受力的部件，例如桌椅腿；②交叉配置：相邻层单板纤维方向互相垂直，适用于承受垂直板面压力的部件，例如椅背和大面积部件；③混合配置：一个部件中既有平行配置又有交叉配置，适合于形状复杂的部件，例如椅背、椅座、椅腿一体化的部件。

胶合弯曲件的厚度根据用途而异，如家具的弯曲骨架部件，通常厚度为 22、24、26、28、30 毫米，而起支撑作用的薄件厚度为 9、12、15 毫米。

陈化时间是指单板涂胶后到开始胶压时所需要放置的时间。陈化的目的是使胶液流展和湿润单板，形成均匀连续的胶层，同时也使胶液中一部分水分蒸发或渗入单板，避免热压时出现透胶现象。陈化有利于板坯内含水率的均匀，防止热压时产生鼓泡等现象。陈化时间过长或者过短，胶合强度都会降低。适宜陈化的时间根据单板的含水率、胶种、涂胶量、压力和气温等条件的不同来确定，时间约为 5 ~ 15 分钟，通常采用闭合陈化。

5.2.2.3　胶合弯曲成型

胶合弯曲是制造胶合弯曲零部件的关键工序，它使放在模具中的板坯在外力的作用下产生弯曲变形，并使胶粘剂在单板变形状态下固化，制成所需的胶合弯曲件。胶合弯曲时需要模具和压机，以对板坯加压变形，同时还需要加热以加速胶粘剂的固化。

胶合弯曲件的形状，根据制品的要求，有很多种，有半圆形、"U"形、"L"形、圆弧形、梯形等各种不规则弯曲形状。形状不同，所用的胶合弯曲设备必须有相应形状的模具和加压机构。

1. 胶合弯曲设备

生产中所使用的胶合弯曲设备主要有两类：一类是硬模胶合弯曲，另一类是一个硬模加一个软膜胶合弯曲。根据部件的形状不同，又有一次加压和分段加压之分。

（1）硬模胶合弯曲

硬模一次胶合弯曲是由一个阴模和一个阳模组成的一对硬模进行加压弯曲（图 5-9）。阳模的表面形状与零件的凹面相吻合，阴模的表面形状和零件的凸面相吻合，阳模和阴模间的距离应等于零件的厚度。加压的方法有机械、压缩空气或者液压等。硬模可用金属、木材或水泥制成，大批量生产时采用金属模，内通蒸汽；木材硬模及水泥硬模则用于小批量生产，可用低压电或者高频加热。

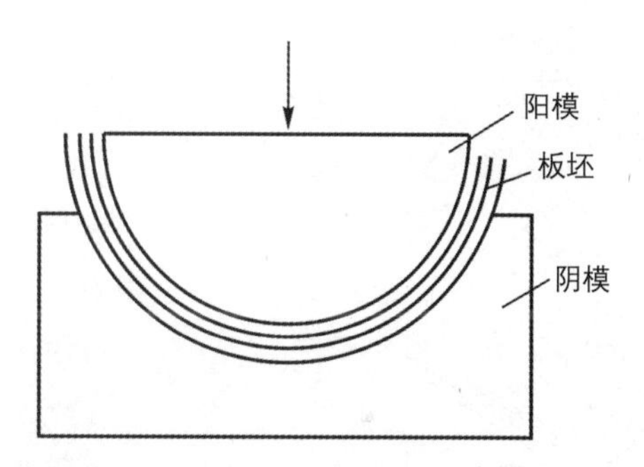

图 5-9
硬模胶合弯曲

硬模一次加压胶合弯曲的优点是结构简单，加压方便，使用寿命长，但由于硬模加压全靠上下两个模子挤压作用，压力作用方向与受压面不垂直，压力不够均匀，因此，对深度较大的凹型部件最好采用分段加压方式。

硬模分段加压弯曲时，阳模仍为整体，阴模则由底板、右压板和左压板三部分组成（图 5-10）。硬模分段加压弯曲前，底板升高，板坯已放在了底板上；此时开动液压泵或者压缩空气泵，将板坯压向阴模底部；压住后，阳模、板坯和阴模一起下降；开动侧向压板并加压，把板坯弯曲成所要求的"U"形零件。胶液固化后，按照相反顺序退回压板，卸下弯曲零件。这种方法可用冷压或者热压，压力为 1 ~ 1.2MPa。

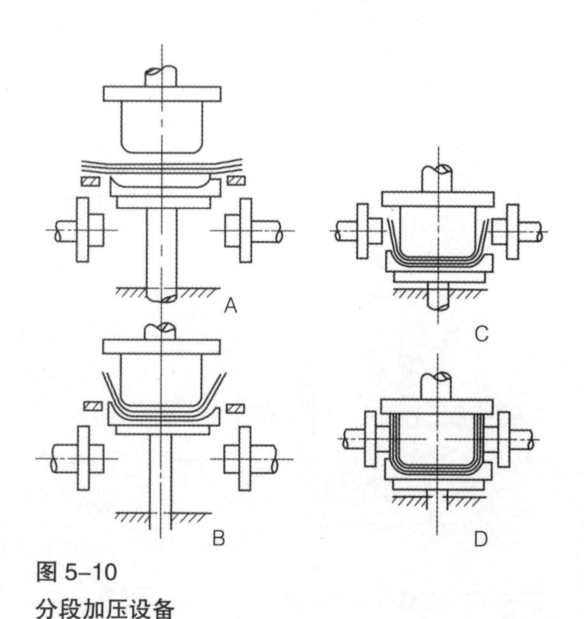

图 5-10
分段加压设备

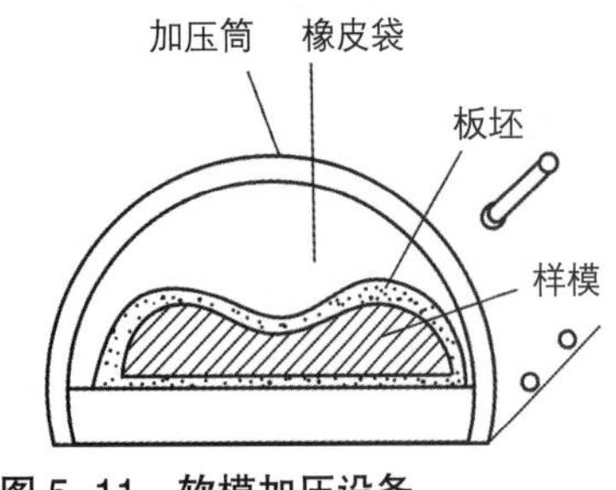

图 5-11　软模加压设备

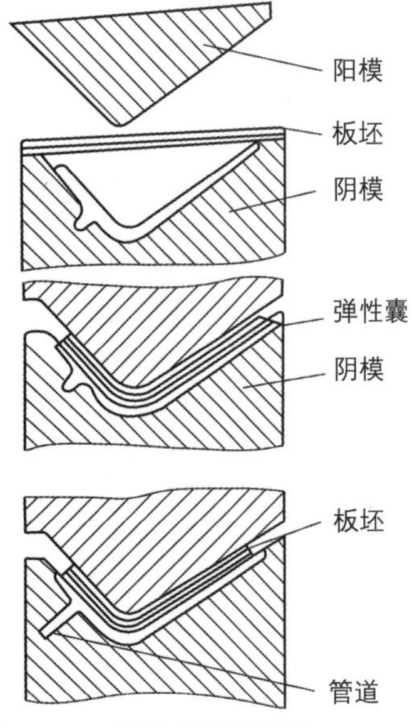

图 5-12　单囊式弹性压模

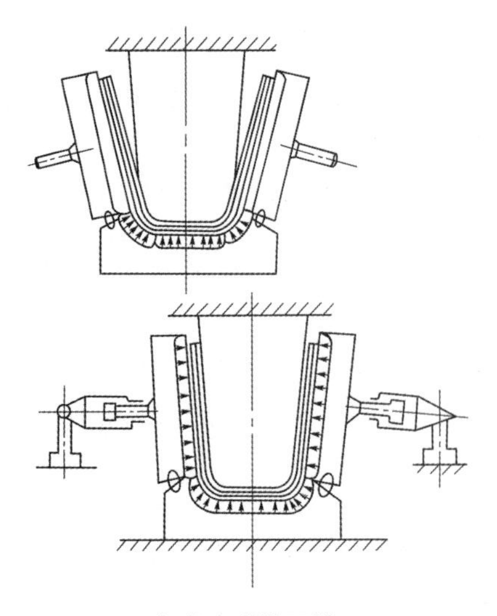
图 5-13　多囊式弹性压模

在硬模加压过程中，约有 70% 的压力用于压缩单板坯和克服单板间的摩擦力，只有 30% 左右的压力用于加压弯曲板坯。因此胶合弯曲所需压力应比单压部件大得多。对于弯曲凹度大的多面弯曲部件，最好用分段加压弯曲法。

（2）软、硬模加压弯曲

软、硬模加压弯曲，也可以称为软模加压弯曲。它是用一个硬模作为样模，再用一个软模（用柔性材料——耐热、耐油的橡胶或者帆布制作）作为压模来进行胶合弯曲。

如图 5-11 所示，这是以橡皮袋作为软模加压弯曲的一种方式。样模放在加压筒内，板坯放在样模上面，盖上橡皮袋，关闭筒盖，缩紧，然后向橡皮袋中通入压缩空气或者蒸汽，使板坯贴向样模，进行胶合弯曲，在压力的作用下保持到胶层固化为止。软模加压弯曲的方法，各处受力均匀，但是橡胶袋容易磨损，设备也较复杂，因此主要用于形状复杂、尺寸较大的胶合弯曲部件。

软、硬模加压弯曲又有单囊加压和多囊加压两种方式，一般弹性囊分布在阴模表面，在加压弯曲过程中，往弹性囊中通入加压介质（压缩空气、蒸汽、油等），在弹性囊的压力作用下，使板坯贴向阳模，板坯各个部位所受压力均匀。

图 5-12 所示为单囊式加压压模。板坯加压弯曲过程分为三步：首先把涂胶的单板板坯装在阴模上，然后下降阳模使板坯弯曲，最后从管道把工作气体（或液体）通到弹性囊里，使板坯贴向阳模，并在弯曲件上均匀地加压。形状简单的部件可以用一个橡皮囊，形状复杂或者弯曲深度大的部件就需要用多囊式分段加压压模。

加压时，先往水平位置的弹性囊中进油，再陆续往其他囊中进油，这样可以把板坯中的空气赶出，达到牢固胶合的效果。为了防止多囊式压模的各个囊间间隙大而造成板坯表面不平，最好采用多囊式分段加压压模（图 5-13）。

（3）封闭型部件的弯曲成型

在生产中经常会遇到封闭成环状的弯曲部件，如椅座圈。这类部件的特点就是弯曲度为 360 度，其加压方法有两种：一是连续螺旋缠卷法，主要用于弯曲圆筒形部件；另一种是用一对压模内外加压的方法，在胶合弯曲前，按照部件的弯曲半径和厚度确定板坯的长度和层数，把板坯各层涂胶后放入内外压模间，拧紧外圈螺栓，再从内部向外加压，使板坯在压力下弯曲并紧贴在外模内表面上，保

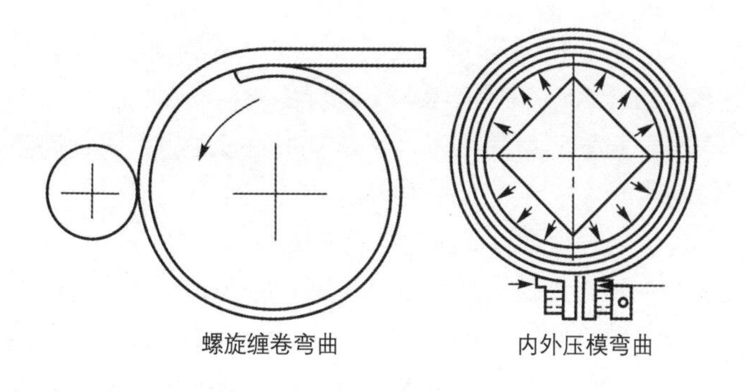

图 5–14
封闭形部件弯曲成型方法

持压力到定型为止，再松开外圈螺栓，取出零件（图 5–14）。这种方法可用于制造圆环形、椭圆形、方圆形等零件。

2. 加热方式

在胶合弯曲时，其加压的方式有冷压和热压，但通常采用热压成型的方法。正确地进行加热，能加速胶液的固化，提高生产率，也是保证胶合弯曲质量所必需的。

（1）蒸汽加热

在金属硬模或者橡胶软模中通入蒸汽、热水或者热油，使其表面升温，再将热量传给板坯内的胶层，加速固化。蒸汽加热应用极为普遍，操作方便、可靠，胶合弯曲件成品的尺寸、形状精度较高。模具使用寿命长，运行费用较低，适宜大批量生产。其缺点在于传热较慢，加热周期长，而且受到板坯厚度的限制，板坯越厚，加热时间越长。

（2）低压电加热

向放在模具表面的金属带通入低压电流（电压为 24V 左右）加压固化，其热压温度为 100 ～ 120℃。常用的不锈钢或者低碳钢金属带厚度为 0.4 ～ 0.6 毫米，宽度一般不超过 150 毫米，电流值不宜超过 400A。如果是金属模，则加热板与模具之间必须有绝缘保温层。

（3）高频介质加热

高频介质加热时，热量由介质（木材或者其他绝缘材料）内部产生，因此加热速度快，效率高而均匀，一般只需几分钟就可以使胶固化，胶合质量好，通常与木模配合使用。木模是由单板叠层胶合或者多层胶合板叠合达到一定厚度后，用多个螺栓垂直板面紧固，再锯割、铣削成所需要的尺寸形状，在精细修整过的模具成型表面覆上铝合金薄板作为电极，并用黄铜作馈线，连接电极与高频发生器。这种方法适用于小批量、多品种的生产。

（4）微波加热

微波加热胶合弯曲工艺是一种新工艺。微波穿透力强，只要将胶合弯曲件放在箱体内照射微波，即可进行加热胶合。因此，它不受胶合弯曲件形状的限制，可以加热不同厚度的成型制品，不需要电极板，适宜进行“H”形、“h”形、“X”形等复杂形状的胶合弯曲。使用微波频率为 2450Hz，微波加热用模具需要用绝缘材料制作。

使用高频、微波进行加热时，必须有屏蔽设施，以防止高频、微波外泄而影响附近人体的健康和对周围仪表、电器产生干扰。

5.2.2.4　胶合弯曲部件的放置与后期加工

弯曲成型的板坯在胶合以后，其内部存在各种应力，致使零件发生变形，随含水率的降低，其弯曲半径会变得更小；反之，吸湿膨胀，会使部件伸直。因此，为了使胶压后的胶合弯曲件内部温度与应力进一步均匀，至少放置 4 ~ 10 个昼夜后才能投入下一道工序，进行切削加工。例如冷压的带填块的扶手椅侧框，从模具上卸下来之后，脚先向外侧张开 7 ~ 8 毫米，然后再逐渐向内收，经过 4 天后，形状才趋于稳定。又如高频加热胶合弯曲椅背座，从模具上卸下来之后，要到数天后，变形才基本停止。

放置后的胶合弯曲成型板坯需要进行剖切、锯截、截头、裁边、磨削、抛光、钻孔等，加工成尺寸、精度及表面粗糙度等都符合要求的零部件。

5.2.3　Gubi 座椅：深度压制的薄板胶合弯曲成型

图 5-15
Gubi 座椅

薄木胶合弯曲的成型方式让设计师可以利用这种制造技术，使传统材料超越极限以制作出更为复杂的外形和线条。将薄木胶合而成的板材（下文也称层压胶合板或合板）的塑性提高，并不是一件容易的事。这里，我们所介绍的案例——Gubi 座椅（图 5-15）就成功地将木材纤维舒缓，让层压胶合板能够更轻易地被弯曲而不会折断。

这件看似简单的椅子其实蕴涵着非常困难而且先进的板材成型技术。要在单一木板上制作出多个朝不同方向弯折的曲面（尤其是椅背呈 90 度弯曲的部分），通常是不可能的。但是，经过特殊处理的单板在压制成合板后，竟然还能有这么高的可塑性，这也意味着将来我们能够利用这样的技术制作出更复杂的形状和曲面。

这种将层压胶合板塑性提高的新技术，是由德国厂商 Reholz 所开发的。它能够使层压胶合板沿着更具深度的线条进行弯折，而呈现出夸张的曲线和凹槽。由于这种技术的开发，有些以往只能用塑料来制作的形状，现在已经可以被木质层压胶合板取代了。将木质层压胶合板塑性提高的关键，就是在叠合前的单板上密集地切割出许多和木纹平行的刀痕。这种切痕的深度，几乎就像要把单板切断一样。这样的做法，让单板保持一定的抗挠折性，却又可以避免其在和木纹垂直方向弯曲变形时可能发生的折断现象。最后再将切割好的单板依照传统薄板胶合弯曲的成型过程（图 5-16）来制作出成品，这样就可以兼顾成型所需的塑性和成型之后的刚性。

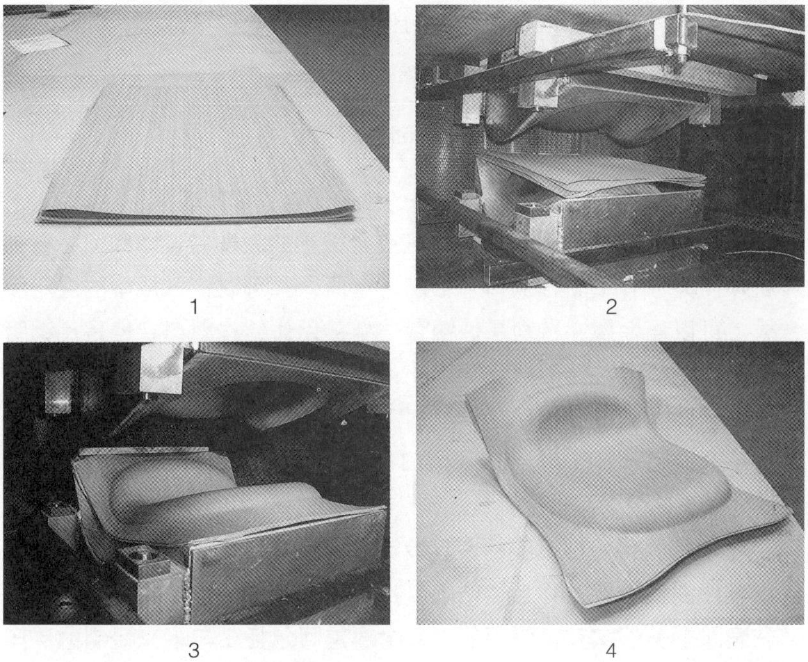

1

2

3

4

图 5-16
Gubi 座椅加工流程

目前，Reholz 公司所拥有的这项技术可以用于大型量产，它本身就是为了将合板的可塑性提高而开发的，以便进行深度压制的成型，提升其结构强度，制作出一般不可能完成的大角度弯曲木制品，让此类产品的造型具有更多的可能性。同时，也可以使木制产品在加工速度上能够与金属和塑料制品竞争，而且作为它们的部分替代品。但是，这项技术本身是需要庞大的资本投入才能完成的。为了能使合板的可塑性达到甚至接近塑料的水准，所要付出的木材处理设备和刀具、模具等都需要不小的资金。除非整个产品的需求量是长期且稳定的，否则平均成本很难降低。Reholz 公司在这项技术上的制作过程主要有单板切缝、胶合、堆叠、依据设计的曲面形态压制成型、最终的切边处理等几个步骤。这其中与传统薄板胶合弯曲成型的不同之处在于深度压制法对于单板的处理，也就是能够让整个合板拥有高可塑性的最大关键。因此，这种方法相较传统方法在加工速度上较慢。适用于这种方法的木质板材种类很多，例如 Gubi 座椅使用的是胡桃木单板，但是其共通点是单板的木纹必须是长直且连续不断的，如果木纹中间有节点或者其他的花纹，则在切刀痕的时候会把木材本身的纹路切断而影响其结构强度。

虽然 Reholz 公司用深度压制的方法制作的高可塑性合板可以为设计师的创作开辟更广泛的领域，但我们依然须谨记，这种技术可成型的形状和塑料件或金属件相比，仍然有许多限制，其中曲率半径太小或者直角结构都不能以合板弯曲制作，而木材的模压成型，其尺寸精度也绝不能和塑料件或金属件相比。

5.2.4 材料、技术与设计：同源异流，殊途同归

5.2.4.1 同源异流：帕米奥椅、休闲安乐椅和蝴蝶凳

从 20 世纪 30 年代至今，层压胶合板不断激发着设计师们各自创造新颖而又富有革新性的椅子形态。弯曲，并可以模压成型的层压胶合板，可以像金属，特别是像钢管一样被用作结构材料，但是比钢管更温暖，更符合人体的感受。因此，极为崇尚人性化设计的斯堪的纳维亚设计师尤其偏爱使用这种材料工艺来进行创作。其中，芬兰设计师阿尔瓦·阿尔托（Alvar Aalto，1898—1976）的作品成了在这方面启发他人灵感的源泉。

阿尔托的第一件重要的家具设计“帕米奥椅”（图 5-17）是他为自己早期的成名建筑作品“帕米奥疗养院”设计的。这件简洁、轻便又充满雕塑美的家具，使用的材料全部是阿尔托三年多来研制的层压胶合板，在充分考虑功能、方便使用的前提下，其整体造型非常优美。帕米奥扶手椅的座面和靠背是一体化的，全部由薄木胶合弯曲压制而成，其成为最明显特征的圆弧形转折并非出于装饰，而完全是结构和使用功能的需要。 靠背上部的开口也不是装饰，而是为使用者提供通气口，因为此处是人体与家具最直接接触的部位。椅子的框架是由桦木弯曲制作的，桦木是一种易弯曲、弹性好的材料，而且在芬兰资源极其丰富。

阿尔托为 20 世纪家具设计的另一杰出贡献是用层压胶合板设计的悬挑椅。自从第一件悬挑椅在 20 世纪 20 年代问世以来，钢材一直被认为是唯一能用于这种结构的材料，然而到了 1929 年，经过反复试验，阿尔托开始确信层压胶合板也有足够的强度用作悬挑椅。他决心另辟蹊径，终于在 1933 年制成了第一把全木质的悬挑椅。在这批作品中，阿尔托几乎将木材应用到了极致。

图 5-17
帕米奥椅

由于木材短缺以及对木材处理方式的探索，层压胶合板技术在第二次世界大战期间进入了全盛时期，许多战斗机的机身都是采用层压胶合板材料制成的。美国设计师查尔斯·伊姆斯（Charles Eames，1907—1978）使用这种材料创作了大量标志性的设计。1941 年，查尔斯·伊姆斯和蕾·伊姆斯（Ray Eames，1912—1988）夫妇搬入洛杉矶租来的公寓中，将其中一间空闲的屋子改成工作室，并放置了一台自制的胶合板模压成型机。他们设计的首件批量产品是一幅以查尔斯的腿为原型的

腿夹板。一年后，美国海军订购了 5000 幅。在这个军事项目研究中，伊姆斯寻找到了这种材料在家具设计方面新的可能性。

1945 年后，伊姆斯夫妇创作了 20 世纪最为永恒的经典之一。他们设计的这把标志性的椅子是在阿尔托的构想基础上发展而来的。如上文所述，阿尔托在 30 年代对二维的层压胶合板弯曲做过实验和研究。得益于战争期间胶粘剂的发展以及制造具有三维曲面的飞机机身时层压胶合板技术的提高，伊姆斯夫妇的设计终于成为可能。

如图 5-18 所示，木制安乐椅（简称 LCW，1946 年）是伊姆斯夫妇为人们寻找具有经济性、舒适性且易于批量生产的家具的过程中的一项伟大突破。此前，查尔斯曾试图在单一壳体中同时创造出一个椅座和椅子靠背。现在，他和蕾将椅座和靠背分别独立制作，并通过胶合板木材连接支撑，与此同时，胶合板椅腿和橡皮防震座也使得座椅能够向后弯曲、倾斜而稳稳站立。金属安乐椅（简称 LCM，1946 年）中的椅腿和胶合板木材连接件全部替换成了金属材料，还加上了自动调准的尼龙滑轮。1956 年，躺椅 670 与搁脚凳 671 更是将座椅的舒适性提升到了新的水平，从结构上可以看出，仍然延续了木质安乐椅的结构特点。

正如彭妮·斯帕克（Penny Sparke）在《大设计》一书中所言，伊姆斯夫妇对于层压胶合板的使用是过去 60 年里最具影响力的发明之一。由于他们的贡献，更多的设计师在战后开始为这种材料与工艺开辟广阔的应用可能性。1951 年，丹麦设计师阿诺·雅各布森（Arne Jacobsen，1902—1971）得以仿效伊姆斯夫妇创造了标志性的“蚁”椅。起初，“蚁”椅是一把三条腿的椅子。但是到了 1955 年，设计师又赋予了这张椅子第四条腿和我们今日所熟悉的蚂蚁纤腰般的沙漏造型（图 5-19）。“蚁”椅紧凑、轻巧并可以堆叠存放，因此很快就出现在世界各地不同的室内环境中，至今长盛不衰。

图 5-18（左）
木制安乐椅
图 5-19（右）
“蚁”椅

图 5-20
蝴蝶凳

在日本，设计师柳宗理（Sori Yanagi，1915—2011）于 1954 年用层压胶合板创造了这把优雅的蝴蝶凳（图 5-20），架起了东西方交流的桥梁。“蝴蝶凳”的造型所呈现出来的简洁，并非是直正的刻板单调，形体含蓄的弯曲、转折，隐隐流露着迷人的韵味，并且这种隐约的弯曲、转折等细节变化，绝非信手拈来、凭空生成，而是根植于实用，即完完全全来自于功能的考虑。柳宗理将功能主义与传统手工艺两方面的影响融于这只模压成型的胶合板凳之中。尽管这种形式在日本家用品设计中并无先例，但它使人联想到传统日本建筑的优美形态，对木纹的强调也反映了日本传统对自然材料的偏爱。

5.2.4.2　殊途同归：人文情怀与民族特质

20 世纪的设计界是异彩纷呈的，层压胶合板技术的应用是其中重要的一部分。从阿尔托的帕米奥椅、伊姆斯夫妇的木制安乐椅到柳宗理的蝴蝶凳，这种技术从发生、发展到成熟不过几十年的时间，呈现在我们眼前的却是迥然有异的一系列经典作品。从表面上看来，面对同一种技术，设计师们做出了不同的选择。但深究其理，我们却可以发现大师们的设计思想中有一些共同之处。

1. 共同的人文情怀：以平凡人的心设计不平凡的作品

在 20 世纪 20 年代后期，为包豪斯所推崇的功能主义也影响到了斯堪的纳维亚各国。受到包豪斯启发的一些成果和艺术性思想体现在 1930 年著名的斯德哥尔摩博览会中，这标志着功能主义在斯堪的纳维亚的突破。在这个过程中，极端形式的功能主义并未深入大众，钢管家具和严格的几何形式只适宜于公共建筑，各种家具和家用产品需要一种比功能主义更为柔和并具有人文情调的设计。以阿尔托为代表的一批北欧设计师一方面保持革新的功能主义精神，同时又以一种能够批量生产的方式应用木材等传统材料。从帕米奥扶手椅上我们可以清晰地看出这种新设计的特点，即以直线为主的简洁的结构技术，视觉上和实际上的轻巧形状以及使用木材等天然材料，同时又不失功能主义的实用原则。与 20 世纪四位现代主义建筑大师相比，阿尔托的作品似乎更温情，更具人文情怀。他在谈到建筑设计时写道：“真正功能好的建筑应该主要从人性的角度看其功能如何。……不是要反对理性，在现代建筑的新阶段中，要把理性主义从技术的范围扩展到人性的、心理的层面中去。新阶段的现代主义建筑，肯定要解决人性和心理领域的问题。”虽然谈的是建筑，但这番话也是对其家具设计的最好注解。

作为一位设计师，阿尔托的过人之处除了他在结构安排和形式处理方面的卓越才能之外，还在于他能够站在普通人的立场，充分考虑普通人在精神和物质方面的需求。阿尔托的设计非常讲究使用的舒适性和材料的触觉感受，充满了人情味且品质突出。由于芬兰的地理位置和寒冷的气候特点，人们的交往活动往往在室内进行，因此芬兰人非常重视“家”的概念。阿尔瓦·阿尔托根据这种人与自然的关系、人与室内外空间的关系，其作品都是围绕着人的需要来设计的，就像他热衷于使用木材，认为木材本身具有与人相同的自然、温情的特质。木材的使用不仅使他的作品具有一种温馨、人文的情调，而且也有助于降低成本，因为木材在芬兰是取之不尽的。

在伊姆斯夫妇的设计思想中同样显示出了这种人文情怀。伊姆斯夫妇认为，将最好的设计带给尽可能多的人，为别人设计椅子，该如同为自己设计椅子一样。一个好的设计师的角色就是一个好主人，懂得满足客人的需要。虽然世界各地的人们有太多的不同，但他们仍然有许多相同点。伊姆斯夫妇聚焦在这些共同点上，设计出了满足各种人的椅子。这种设计观跨越了地域与文化，这也正是为何他们的设计放到今天来看仍然十分现代。要说伊姆斯椅子为什么那么特别，很简单，因为它们都很舒适。

对伊姆斯夫妇而言，解决使用者的问题永远是第一位的，实用比外表更重要，因为实用在任何时候都需要，外表则会不断改变。但这并不妨碍他们制作舒适实用的椅子时，仍然把作品设计得很漂亮。事实上，伊姆斯夫妇是以设计一系列平民化的、廉价的椅子而闻名的，但平民化和廉价在他们这里不代表可以粗制滥造。制作一张便宜的椅子，也必须依据使用者的需求来进行合理的设计。

除了层压胶合板，伊姆斯夫妇对其他材料也表现出了非凡的兴趣和试验热情。他们用塑料设计出了造型极为优雅的座椅。玻璃纤维强化塑料的发明，使伊姆斯夫妇解决了一直以来受到困扰的独板座椅的难题。这种新材料既轻又坚固，不会折断。独板座椅是经济发展下的杰作，无需更多的细节去描述。这种椅子价格很低，因而销售量巨大。对于伊姆斯夫妇来说，愉快幸福并不来自奢华和昂贵的物品，而是在于发掘和强化生活中普通物体的美，他们用实践证明了现代设计将如何提高人类的生活质量。

2. 坚守设计的民族化：设计有文脉依托才更有意义

对于阿尔瓦·阿尔托而言，其设计的立足点是芬兰所特有的北欧地质、气候条件、遗留下来的建筑与历史文脉以及能够唤起人们对文脉记忆的民族传统。阿尔托把芬兰本民族的自然环境和自然资源作为设计创作的精神寄托和构思来源，成了他源源不断地进行民族化设计的不竭动力。他坚定地维护着自己的传统文化，坚定地走自己的设计路线，较少受外部环境的影响，专注人与人、人与自然，力求创造充满人与自然和谐共处的生活环境，以朴素、温馨、典雅的民族风格赢得了人们的尊敬。

北欧的设计实质上是对生活的设计。芬兰地处气候寒冷的北欧，冬天漫长，而且还有难挨的黑夜。这种特殊的气候决定了人们不能有丰富的室外活动，家具作为日常生活必备之物，对舒适和实用的追求被放在了首位。阿尔托把简洁、实用的芬兰设计特点发扬光大，简洁、直接、功能化且贴近自然，而绝非是蛊惑人心的虚华设计。

在阿尔托的建筑设计中，其民族化的特征则更为明显。特殊的地理位置和优美的自然环境造就了芬兰独特的、顺应自然的而又具有人情化的民族风格。阿尔托热爱自然，他设计的建筑总是尽量利用自然地形，融合优美景色，风格纯朴，采用木材、砖块、石头等天然资源，同时，鉴于他对土地的轮廓、光线的角度和方向的敏感性，也利用自然光线进行衔接，体现出了浓郁而鲜明的个性与特色。如他在维普里图书馆阅览厅内采用圆形屋顶采光窗，太阳光在内壁反射入室内，整个阅览室充满了自然光，这种采光也与北欧寒冷的气候相符。大自然、阳光、树木以及空气等都在阿尔托那里找到了自然与人类之间的和谐与平衡。芦原义信（Yoshinobu Ashihara，1918—2003）在《外部空间设计》中认为，阿尔托立足于塑造建筑的内部空间，而且这个“塑造”不是表面的，不是去追求平、立、剖的形式美，而是真正地体会空间感受。他的不规则空间是真正让人去感受的，而不是只能把它当作一件艺术品去远观，在布满森林湖泊的芬兰环境中仔细观赏他的实际建筑，要比看作品集动人得多。

坚守自己的民族特质，让其成为作品的灵魂，这种设计思想也呈现在柳宗理的设计作品中。柳宗理一生的作品很多，比如他在 1957 年米兰设计大展中展出的白瓷茶壶、不锈钢水壶，或者很现代的电唱机、缝纫机到汽车设计，所有的设计都体现了融合日本传统手工艺的特征。他擅长用现代材料、现代技术作为手段，创造出具有日本感觉、日本风格的现代产品。仍然以柳宗理的蝴蝶凳为例，其设计特征分析起来有三个层面：其一是造型简洁明了、细腻精致，没有故作玄虚和多余的装饰；其二是绝佳的触感和手感，即使用的合理性和舒适性；其三是在前两个层面的基础上所透露出的某种文化特质，即来自审美、精神层面的享受。可以说，第三个层面是产品设计难得的境界。

在柳宗理长达半个多世纪的设计生涯中，贯穿着一种鲜明而持之以恒的设计思想，即将日本文化及审美特性融入现代设计中，既遵循现代工业生产和产品的实用功能要求，又注重产品的文化特质和精神含量。他认为好的设计不仅要符合现代技术和现代功能的需要，也要“符合日本的美学和伦理学，表现出日本的特色”。构筑和形成柳宗理设计思想的重要部分之一，即是他对日本优秀传统文化以及民艺精神超乎寻常的了解和热爱。如何从看似风马牛不相及的民艺和西方现代主义设计中，寻找两者在观念和方法上的相近或相似之处呢？善于思考并极富创新精神的柳宗理认识到，包豪斯设计理念和现代主义设计原则，与其父毕生推崇的民艺精神有着共通之处，只不过决定性的差异在于前者是在肯定科学和机械的立场上而提出的理论。一方面，民艺与现代主义设计两者在强调实用功能和简洁之美方面确实有着相近之处，两者都遵循设计应去除华丽无用的冗赘装饰之原则，使设计造型的匠意回归到了功能、材质等最原点处来进行。另一方面，现代主义设计中过于追求功能的理性思维，往往使其产品充满了冷漠感，没有人情味，它打破了各种不同文化的共生关系，没有个性特色，造成了设计上的千篇一律。在这一点上，民艺与现代主义设计明显不同。差别在于工业产品的机械化、标准化、批量化的极端理性的生产方式和设计理念自身，往往有着难以克服的忽视文化和情感的人性因素的弊病，而民艺制品却在功能和简洁之美中体现感性和人性化的内涵。

因此，柳宗理一方面遵从现代工业技术和设计思想，因为这是现代产品设计的最一般性原则，但民艺思想的基因又迫使他不自觉地同时要倾心于产品的文化特质和精神内涵，而这种特质和精神只能从日本优秀的传统和民艺本质中去汲取。柳宗理通过自己的设计实践，跨越了东方与西方、传统与现代、民族与国际、手工与机械、个性与共性等多重复杂、抵牾的因素，其思想和产品所闪烁的火花，对我们的设计和生活理想依然产生着深刻的影响。面对全球化时代下技术高度的同一性，在设计中坚守自身的民族特质不啻为有益的出路。

5.3 其他弯曲成型工艺

目前应用于木材弯曲的方法除了以上几种外，还有许多其他的弯曲方法，如开槽胶合弯曲、折板成型、人造板弯曲成型、模压成型等。本节只简单介绍纵向开槽胶合弯曲、模压成型两种较为传统的工艺以及一种木板填充膨胀成型的新工艺。

5.3.1 纵向开槽胶合弯曲

纵向开槽胶合弯曲是在方材毛料的一端，顺着木纹方向用锯片锯出若干个纵向槽口，在槽中插入涂胶的薄板、单板或者胶合板，经弯曲胶压制成的曲线部件。

纵向开槽胶合弯曲的具体工艺为：采用厚度为 1.5 ~ 3.0 毫米圆锯片将方材毛料的一端沿着木材纹理方向锯出若干个纵向锯口，使方材毛料在厚度上分成多层木材层，每层木材层的厚度取决于所需弯曲部件的曲率半径大小。部件的弯曲曲率半径小，锯成的木材层厚度就小，

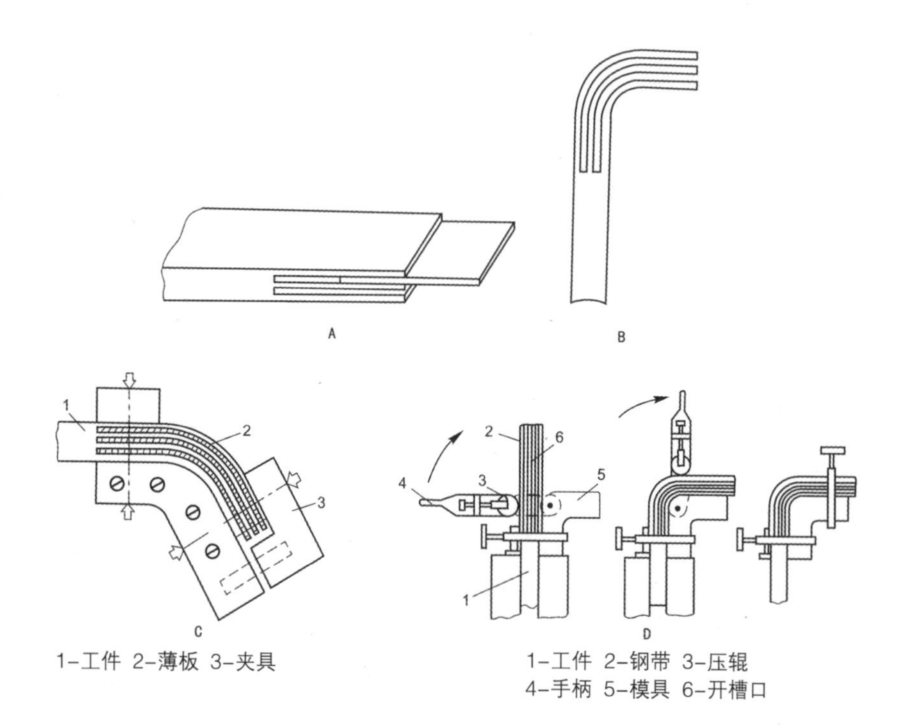

图 5-21
纵向开槽胶合弯曲

1-工件 2-薄板 3-夹具

1-工件 2-钢带 3-压辊
4-手柄 5-模具 6-开槽口

也就是锯口的数量增多；反之锯成的木材层厚度大，部件的弯曲曲率半径大。

插入槽口中的薄板、单板或者胶合板的厚度应比槽口宽度小0.1 ~ 0.2毫米，这样便于涂胶和胶合弯曲，其形式如图5-21中A、B所示。

纵向开槽后，将涂胶的薄板、单板或者胶合板插入槽口中，采用手工夹具或者机械装置等方式进行胶合弯曲，待胶粘剂充分固化后即制成弯曲件。手工和机械胶合弯曲的工作原理如图 5-21 中 C、D 所示。

纵向开槽胶合弯曲只适用于方材的单向弯曲或者在方材的端部进行弯曲。采用此类加工方式，方材被弯曲部分的侧面具有胶层的条纹，这与整体方材不协调，虽然加工简单，但是生产效率低，劳动强度大，仅适合于小批量方材毛料的弯曲。在家具生产中，主要用于制作桌腿和椅腿等部件（图 5-22）。

图 5-22
纵向开槽胶合弯曲的凳腿

5.3.2 模压成型

碎料模压成型工艺是将木材或者非木材植物制成的碎料，混以合成树脂胶粘剂，加热加压，一次模压制成各种形状的部件或制品的方法。它是在刨花板和纤维板的制造工艺的基础上发展起来的。

碎料模压成型能制成带有沟槽、孔眼和饰面轮廓的部件或制品，因此可以减少或省掉成型加工和开槽钻孔等工序，缩短生产周期。这种方法的另一个特点是能够根据产品各部位对强度、耐磨及装饰效果的不同要求，一次压制出各部位不同密度和不同厚度的零部件，而且模压制品尺寸稳定，形状精度高，不会像实木或者胶合件那样由于锯、刨、凿等工序而产生误差。

这种方法能够充分利用木材，其原料的利用率可达 85% 以上，而且原料来源广、价格低廉，一般的小径材、枝丫材、木材加工剩余物甚至农作物秸秆等都可以用来作模压制品的原料。

通常碎料模压成型工艺流程中都有以下主要工序：碎料的准备、施胶、铺装预压、模压成型、除去挤出物及后期加工等。碎料模压成型工艺过程与刨花板生产工艺相似，但是各工序具体要求随产品而异。总之，模压制品形状复杂，对于压模设计和压制工艺的要求也更为细致。很多模压制品在压制成型的同时，贴压饰面材料，因此要求模压工艺操作更为严格和精准。

5.3.3 木板填充膨胀成型

木材可能是人类发展史上第一个被用来制作工具的材料，但是这种老材料却随着科技的进步而不断超越极限，发展出各种新颖的加工方式。实木弯曲、薄板胶合弯曲是较近代的技术，在高温、胶合或者高压之下，我们看到并享受了曲木的精彩世界。这里，我们要介绍的成型方法却是以一种温柔和缓的手法，将木板膨胀撑开而形成连续弯折的曲面，这是一种全新的发明和尝试。

如图 5-23 所示，由英国 Curvy Composites 公司制作的门板外部是木质合板，内部为发泡材料，其表面具有波动、复杂和极富生命力的曲线。我们可以感受到这件作品如何给人带来视觉上的惊艳，并且完美地表现出木纹温暖的质感。这种独一无二的制造方法源自于英国南岸美丽的 Brighton University，他们开发了许多优秀的 3D 设计案例，木板填充膨胀成型就是其中之一。设计师 Malcolm Jordan 说："我是学习航空航天工程出身的，在我的世界里，充斥着许多极度轻量化的复合材料，加上我拥有直升机驾照，我想这些因素综合起来启发了我用复合材料的观念创造出视觉艺术作品的冲动。"最终的成品，是以木材合

图 5-23
木板填充膨胀成型的门板

图 5-24
木板填充膨胀成型的加工方法

1

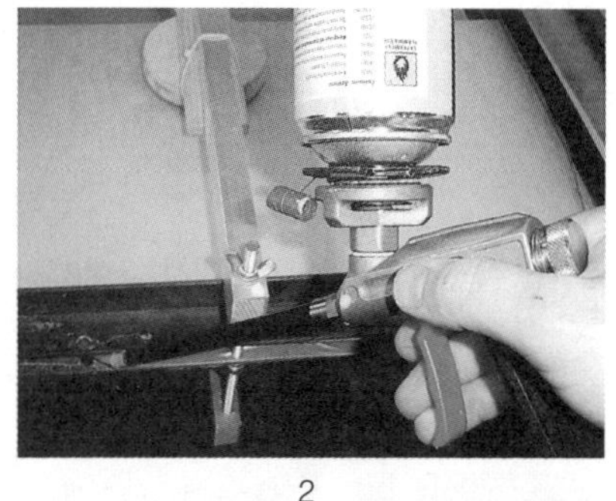
2

3

4

板为皮、发泡材料为内馅所结合出的复合材料。在制作的过程中，合板的某些部位是以夹具固定住的。当会膨胀的发泡材料被灌注在其中时，可以将没有被固定住的合板向外撑开形成一个凸出的曲面（图 5-24）。

成品结合了轻量化、高强度的优势，耐冲击、隔声、隔热，无需复杂的模具，也不用依赖木匠巧夺天工的手艺，更不需要电脑数控加工机床。

目前，这种方法较适用于小批量生产，而非大型量产，加工速度依照工件形状或者特殊产品而有所不同。以生产一批墙面饰板来说，其表面合板和框架可以事先组装完成，因此其成型步骤就只剩下发泡材料的灌注了，这样的加工很精简且有效率。不过，人工装设夹具和等待发泡材料稳定的过程，可能会消耗 8 个小时左右，但是这个步骤可以通过设计复合式夹具来提高效率。以这种方法制成的成品可以是一面平坦一面曲折，或者是两面都曲折。由于板材可以预先被弯曲，所以不一定要用两片平坦的合板作为灌注发泡材料的初始形状。实心填充可以被特别运用在例如转折点、支撑脚或者是其他零件接合处的结构强化上。

木板填充膨胀成型技术可加工的材质有聚氨酯 PU 的发泡材料，桦木表皮、厚度在 0.8 ~ 3 毫米之间的航空航天用合板材料。其加工尺寸取决于原材料的尺寸大小，成品已经能被运用在装置艺术、雕像或者室内装潢上，未来可能会被运用在家具设计上。这种方法的加工精度具有一定的不确定性，因为利用压力将天然的木材弯曲成非自然的立体曲面基本上不容易控制其准确性，有时候甚至会发生超乎预期的变形。然而，通过夹具的定位、温度和压力的控制以及发泡材料的灌注量，我们可以在不同的工件上复制出相似的曲面。

需要注意的是，在木板填充膨胀成型过程中，膨胀压力需要被控制，即发泡材料的灌注量和其所造成的压力需要被严格控制，否则封闭的合板可能会爆炸破裂。某些在制作过程中有切削或者弯折裂痕的合板会在膨胀过程中破裂，因此合板必须经过严格筛选，或者是在外表面再加上一层保护膜来克服这些缺陷。一旦合板被撑破，整个工件就会报废，而且不能进行返工。

5.4 个性化定制的乐趣——高密度纤维板的创新使用

随着现代市场竞争的加剧，企业之间的竞争开始转向基于时间的竞争和满足客户需求的竞争。为客户提供定制化的产品，全面提高客户的满意度，已经成为现代企业追求的一种必然趋势。在这种以客户为中心的市场环境中，出现了一批低成本的个性化产品，预示着个性化定制（Individuation Customization）时代的到来。

简单地说，个性化定制必须结合定制生产和大批量生产两种生产方式的优势，在满足客户个性化需求的同时保持较低的生产成本和较短的交货期。个性化定制自提出以来，在各个领域得到了广泛的关注，由于它能够很好地满足当今动态多变市场的要求，所以正在逐步成为信息时代企业的生产模式之一。

5.4.1 高密度纤维板的弯曲成型

曲木家具一直以典雅、优美的特点备受人们的喜爱。市场上的曲木家具多为实木弯曲或者实木薄板胶合弯曲而成，除此之外，是否还有其他材料也适用于弯曲加工呢？2010届研究生裘航同学对高密度纤维板的弯曲试验，是一次创新和突破，作者希望通过一套完整的试验过程研究出高密度纤维板弯曲的可能性，使曲木家具在材料选择上更具多样化，便于组织生产，降低生产成本，同时也满足消费者个性化定制的需求。

5.4.1.1 纤维板的基本知识

人造板材，就是利用木料在加工过程中产生的边料及废料，经过掺混其他纤维制成的板材。可制作家具的人造板材大致分为：刨花板、细木工板（又称大芯板）、纤维板、胶合板等。它们特点有较大区别，应用领域极为广阔。

其中，纤维板是将树皮、刨花、树枝、果实等废材，经过破碎浸泡，研磨成木浆，使其植物纤维重新交织，再经湿压成型、干燥处理而成。纤维板材质构造均匀，各向强度一致，不易胀缩和开裂。纤维板的分类及应用领域在第二章第三节已有介绍，此处不再赘述。

纤维板的优点有：表面平整边缘牢固，相对容易造型；材料细密性能稳定，有比较强的抗腐朽和抗虫蛀能力；膨胀率小，抗弯曲和抗冲击强度系数较大，优于刨花板；表面平整度好，易于粘贴各种饰面，可以增加家具美感。纤维板的缺点在于耐潮性能较差，不适用于浴室等潮湿环境；握钉能力系数不高，钉子旋紧后如再出现松动，则不容易重新固定。密度大于 0.8 克 / 立方厘米的硬质纤维板的物理性质如表 5–2 所示。

不同级别的硬质纤维板的物理性质　　表5–2

指标项目	特级	一级	二级	三级
静曲强度不小于/MPa	49.0	39.0	29.0	20.0
吸水率不小于/%	15.0	20.0	30.0	35.0
含水率/%	3.0 ~ 10.0			

5.4.1.2　硬质纤维板二维弯曲试验

硬质纤维板弯曲成型技术与实木的弯曲成型技术比较相像。但是，硬质纤维板的特性和实木完全不同，这使其塑化和弯曲的技术与实木有异。硬质纤维板弯曲成型的工艺流程为：①板材先进行软化处理；②加压成型（使用模具）；③干燥，固形；④产品修饰，处理边角毛刺；⑤表面喷漆着色（图 5–25）。

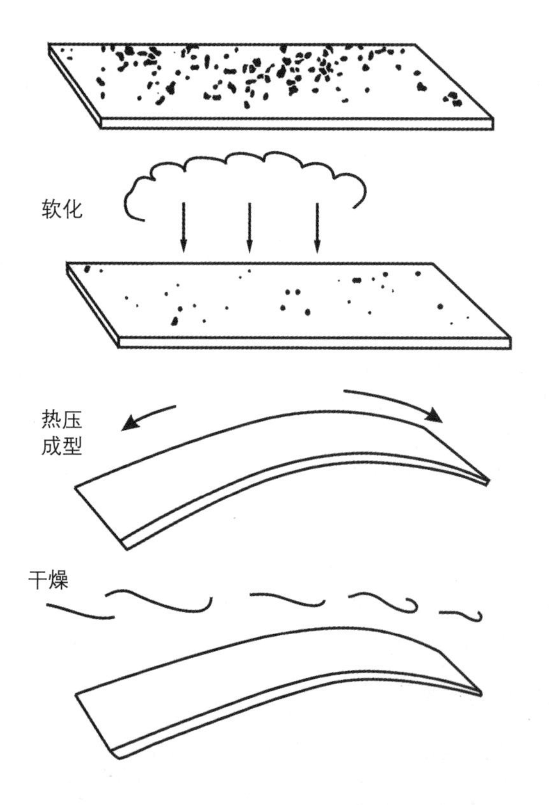

图 5–25
硬质纤维板弯曲成型的工艺流程

裘航同学的研究对象主要为硬质纤维板二维弯曲家具的定制，而这种家具的结构中有一个重要的细节，即弯曲的 R 角，因此需要通过试验得出不同 R 角的成型可能性。本次试验的材料为若干厚度为 3 毫米的硬质纤维板。试验流程为：蒸汽软化→模压→上胶→加固→干燥→取样→观察→记录→评估，然后改变 R 角，再重复前面步骤。试验样本的厚度为 15 毫米的层压硬质纤维板，弯曲角度为 90 度，R 角的可变项从 20 毫米到 200 毫米。试验结果的记录如表 5–3 所示（此表由裘

硬质纤维板二维弯曲R角试验　　表5-3

R角（mm）	外观描述	抗压度描述（施以重量大约40kg的压力）	适用家具部件（以椅子为例）
R=20	1.粘合处破裂明显 2.R角处有变形	差	无
R=30	1.粘合处有开裂 2.R角处有轻微变形	较差	扶手、椅腿
R=50	1.粘合处基本无开裂 2.R角处无变形	一般，有轻微弹性	扶手、椅腿、靠背、受力部件
R=70	1.粘合处密合 2.R角处无变形	一般，有轻微弹性	扶手、椅腿、靠背、受力部件
R=100	1.粘合处密合 2.R角处无变形	良好，有轻微弹性	扶手、椅腿、靠背、受力部件
R=130	1.粘合处密合 2.R角处无变形	良好，有轻微弹性	扶手、椅腿、靠背、受力部件
R=160	1.粘合处密合 2.R角处无变形	良好，有轻微弹性	扶手、椅腿、靠背、受力部件
R=180	1.粘合处密合 2.R角处无变形	良好	扶手、椅腿、靠背、受力部件
R=200	1.粘合处密合 2.R角处无变形	良好	扶手、椅腿、靠背、坐面、受力部件

航同学观察、记录并绘制）。试验中的受力状态如图 5-26 所示。

试验结果表明，硬质纤维板二维弯曲的角度有一个合理的范围，这样才能较好地起到家具中功能部件和承重部件的作用。因此，在家具定制时可以加工一系列半成品的硬质纤维板弯曲件。这样既能较好地控制弯曲工艺，又能缩短设计和生产周期。

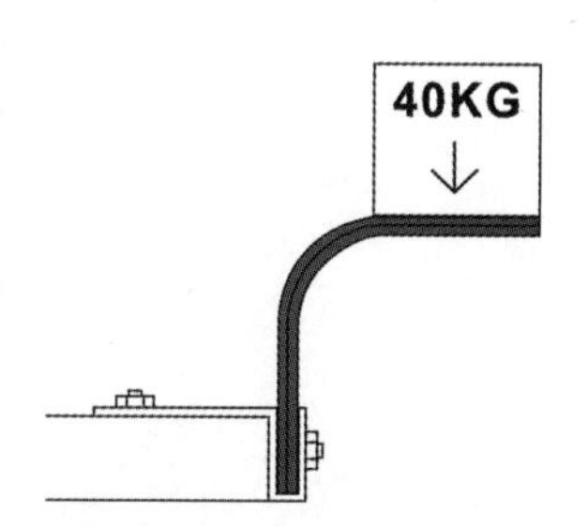

图 5-26
硬质纤维板二维弯曲的受力状态

弯曲板材的家具发展到今天，基本都采用模压方式来进行批量化生产。市场上我们所见到的弯曲家具款式不如板式家具丰富，主要原因在于批量化曲板家具依靠金属模具，而开发新模具的成本较高，因此限制了设计开发，也阻碍了曲板家具的定制可能性。采用小型机械化与半手工相结合，既可以适应不同消费者的定制要求，又能提高效率并且可以保证一定的质量，这或将成为一种定制家具的发展趋势。

5.4.2 基于个性化定制的曲板家具设计研究

5.4.2.1 个性化定制家具的用户人群及需求

个性化家具定制目前在我国还属于比较时尚新兴的概念，消费人群主要有两大块。一类是追求时尚、具有较好接受能力的年轻一代（其年龄主要在 26 ~ 35 岁）；另一类则是更年长的消费人群（其年龄主要在 35 ~ 55 岁），这一类消费者通常是经济实力较强，其改善型居住空间面积较大，如拥有大面积的公寓、排屋或者别墅，因其地位和品位的要求，这个消费群体多数习惯整体定制居住空间的家具，能接受设计师的个性化想法，因此这类消费人群也是高端定制家具的消费主力。

通过细致的调研，我们发现潜在消费人群对定制家具的需求主要是以下几个方面：①适用性需求：消费者的家庭面积各不相同，喜欢的家具款式、尺寸未必刚好合适，因此要求家具能适合其家居环境特征，与其家居环境中各尺寸较好地切合，达到比较高的空间利用率。②多样性需求：消费者对家具的要求首先是实用与美观相结合，在此基础上希望自己的居住环境能体现个人特色，定制家具为其量身定做，最终目的是在实用的基础上凸显个性。③高品质需求：消费者希望定制的家具能有较高的品质，希望自己的家居环境能彰显自身品位和独特性，因此他们会较多地选择用定制的方式来从容解决这些问题。

5.4.2.2 基于个性化定制的曲板家具设计思考

1. 设计风格多元化

个性化定制中的曲板家具设计应该是功能、造型、工艺以及内在和品质的统一。因其个性化的要求，家具造型既要能满足其使用功能，又要给予用户独特的设计感，即独特的外形美感，而不同消费者对美感的判定各有不同，因此个性化定制的曲板家具设计风格首先必须是多元化的，同时符合以下原则：①独创性。造型独特生动，能满足定制客户的个性化要求。②简约性。利用直线和曲线两大元素的结合，设计简约但不乏味、富有韵律的个性化家具。

2. 适用空间多样化

个性化定制家具适用于所有居住空间。目前常规意义上的居住空间根据室内面积分，可分为 30 ~ 50 平方米的单身公寓；50 ~ 150 平方米的普通公寓；150 ~ 180 平方米的大型公寓；200 平方米以上的排屋及别墅。根据使用功能分，可分为居住空间、办公空间等。定制家具能通过合理的设计对多样化的空间进行有效适应，根据消费对象提供的空间，灵活制定合适的尺寸，利用有效的设计来合理分配空间资源。

3. 人机关系互动化

人机工程学是一门庞大而复杂的系统学科，其在家具设计界也有不可避免的应用关联。人机尺度主要指尺寸与度量的关系，人是家具的使用主体，所以家具设计就需要依据人体尺度，了解人的活动范围尺度、人体主要活动部分的尺度等，例如人的大腿长度和小腿高度以及上身活动范围就与家具的尺寸有着密切的联系。人机工学中的人体尺度表基本依据不同人种、不同年龄、不同地区的男女平均尺寸来作为设计依据，但是这也不能完全适应有着个体差异的使用者。在家具定制的过程中，设计师可以依据定制对象的人体尺度进行家具尺寸的适当微调，让定制对象享受到更加体贴的人机服务。在设计过程中，依照客户的个人喜好，确定针对定制对象感受的最舒适、最理想的人机尺度。简单来说，如果定制对象个体认为 102° 倾斜的靠背最舒适，而非人机工学中理想的 105° ，那么个性定制的家具应在这方面进行适度调整，人机关系也因此更加互动和贴合服务对象。

4. 模具设计极少化

批量化家具生产大多需要开制大型钢模，费用昂贵，制作成本高。定制家具则不需要金属模具，仅针对设计部件制作木模即可，因此模具设计具有极少化特征。在设计过程中，设计师也可以充分使用一些通用部件，比如某些连接部件，力求达到简化生产，缩短加工周期，降低生产成本的定制效果。

5.4.2.3 基于个性化定制的曲板家具设计实践——“间・隔”

中国美术学院 2010 届研究生裘航同学依据自己对硬质纤维板二维弯曲的试验，为特定的使用对象设计了一套居家曲板家具——“间·隔”（图 5–27），包括椅子（图 5–28）和茶几（图 5–29），整套作品现代感极强，简约并有富有意境，从细节中我们可以清晰地发现作者对 R 角的运用，图 5–30、图 5–31 所示。

“间・隔”虽然达到了客户的要求，但经过体验，设计仍存在有待改进的几个问题：①由于硬质纤维板的自身特点，造成椅子重量偏

图 5–27
作品“间・隔”

图 5-28（左）
作品“间 · 隔”之椅子
图 5-29（右）
作品“间 · 隔”之茶几

图 5-30（左）
作品“间 · 隔”的细节一
图 5-31（右）
作品“间 · 隔”的细节二

重，移动时稍有不便。在以后的设计实践中，可以适当降低板材的厚度，或者通过镂空等方式减轻重量。②茶几与玻璃的交接处尚不够紧密，主要是由于 R 角偏大所产生的板材弹性所致，解决方法为适当减小 R 角的值，或者增加支撑点。③硬质纤维板的侧面具有肌理的美感，但当螺钉攻入的时候，若用力不当，尤其在 R 角应力集中处会产生细小裂痕，影响细节的美观，在今后的设计中可以考虑适当的连接节点。

裘航同学的作品给予我们很大的启示，用硬质纤维板进行曲板家具的设计，其优势主要在于设计师可以根据客户需求，用弯曲的结构来替代传统家具造型当中的复杂结构，节省家具用材。在个性化方面，能达到独特唯一的造型效果，同时根据定制对象个体而制定具有针对性的人机尺度，从而使定制家具既达到美观和舒适的结合，又富有独特的个性。

【思考题】

1. 实木弯曲加工的原理是什么？它的工艺流程是怎样的？

2. 木材软化的方法有哪些？

3. 板式家具制造工艺中主要有哪些弯曲件加工方法？它们各自有什么优缺点？

4. 薄板胶合弯曲的原理是什么？它的加工工艺是怎样的？

5. 薄板胶合弯曲的配坯有哪几种方法？各自应用于什么部件？

6

第六章　自然的馈赠：从木到竹

【课程内容】

1. 竹材的基本知识；
2. 竹材人造板的基本知识和最新发展动态；
3. 竹集成材的相关知识；
4. 竹材的生态价值与文化内涵。

【学习目的】

1. 掌握竹材的基本知识，包括其生长的原理、宏观构造和材料特性等；
2. 理解圆竹制品的设计特点，思考材料、手工艺与现代设计之间的关系；
3. 了解竹材人造板的基本知识以及该领域的最新动向；
4. 掌握竹集成材的概念、分类、生产工艺及性能特点；
5. 系统地理解竹材的可持续性问题，思考其未来的发展方向；
6. 理解竹材的生态价值和文化内涵，了解利用竹材进行创新设计的案例。

竹类植物属于禾本科竹亚属，是一类再生性很强的植物。其分布十分广泛，除欧洲大陆外，其他各大洲均可发现第四纪冰川时期的竹子遗迹。作为一种常绿浅根性植物，竹子对水热条件要求比较高，东南亚地区由于雨水充足，热量稳定，而成为竹子的主要生长区。中国是世界竹类植物的起源地和分布中心，与之相应地，早在几千年前，我国的远古先民就已经开始了对竹的有意识利用。纵观中华五千年文明史，我们会发现，竹不仅是作为一种自然物，更是作为一种文化物，渗透进了中华民族物质生活与精神生活的方方面面。

在经济、技术、文化等众多方面都迅速发展的当今社会中，能源危机、可持续发展等一系列问题迫使现代人不得不认真思考这些重重困难。随着资源的日渐紧张，设计者和制造者都把目光投向了新型的替代材料的开发和应用。竹材也因此汇聚了世界的目光，竹材料的开发利用再次步入兴盛期。与树木相比，竹子的生长速度快，树木需要数十年甚至百年才能成林，竹子则仅需要几年就能成材。竹子繁茂的枝叶能阻挡降雨对地表的直接冲刷，根茎在表土层形成绵密的网络，具有保持水土、涵养水分的功能。作为一种材质，对应自然与当下的生活模式，竹的应用范畴有无限潜能，也因此日益成为现代设计者最喜爱的自然材料之一。

6.1 本来的面目：圆竹，或是原竹

圆竹，或是原竹，在不同的文献资料里似乎都出现过。“圆”，应是指它的形状，因为绝大多数竹子都是圆的。“原”，应是指它最初的、开始的、没有经过加工的样子。按照“原材料”的定义，是指“投入生产过程以制造新产品的物质”。其实，不管从哪一方面来认识它，我们都是对的，这就是我们既熟悉又陌生的竹材。

竹材对于不同文明时期的人类，都是一种能够得到的天然材料，也能被人类根据当时的技艺状况所利用。竹材属于比较复杂的生物材料，随着科学技术的进步，竹材的用途日益广泛，已经从原竹利用和制作生活用品步入了工程结构材料的行列。在现代科学技术条件下，要善用、巧用竹材，就必须了解它的结构和性能。

6.1.1 竹材的基本知识

6.1.1.1 竹材的生长

竹子是生长最快的植物，能在 40 ~ 120 天的时间内达到成竹的高度（15 ~ 30 米或 40 米）。

竹笋和由其生成的秆茎高生长，主要靠居间分生组织形成的节间生长来实现。竹笋中已生成的各单个竹节伸长累积的总和，就是秆茎的高生长量。可把这种生长比喻成套叠式而上，如同一个高度不大的套叠式旅行杯，向上拉出后，就成了一个高杯。

竹笋出土后到高生长停止所需的时间，因竹种而有差异。毛竹需时较长，早期出土的竹笋约 60 天，末期笋约需 40 ~ 50 天。

竹子秆形生长结束后，它的高度、粗度和体积不再有明显变化，秆茎的组织幼嫩，含水率高。毛竹幼秆的基本密度仅相当于老化成熟后的 40%；其余 60% 要靠日后的材质成熟过程来完成。它关系到竹材的性质，这正是加工利用所关心的问题。

秆茎材质成熟期中，材质变化有三个阶段，即增进、稳定和下降。在增进阶段，竹秆细胞壁随竹龄逐渐加厚，基本密度增加，含水率降低，

竹材的物理力学强度也相应不断增加。第二阶段，秆茎的材质达最高水平且稳定。一般认为，第三阶段秆茎的材质有下降趋势。

材质随竹龄的变化，因竹种而不同。毛竹的寿命长，8 年生尚处于增进阶段，6 ~ 8 年生为稳定阶段，9 ~ 10 年生或以上属老龄下降期。

表 6-1 列出了竹材和木材在生成上的差异，以此作为对竹材生长内容的总结。

竹材和木材在生成上的差异　　表6-1

项目＼名称	竹　材	木　材
高生长	①高生长时间短，在2~4个月内即完成；②主要依靠居间分生组织；③秆茎上、下的高生长虽起始有早、晚，结束有先、后，但可认为居间分生组织在全长范围内均有作用。	①在树木全生活期均有高生长，且随树龄逐渐减慢；②树木的高生长主要依靠茎端的原始分生组织；③树径在次生长部位不会产生高生长。
直径生长	①居间分生组织在竹笋——幼竹高生长期，秆径略有加粗，竹壁也稍有增厚；②在高生长完成后，秆径不再增大	①树木的直径生长是形成层造成的；②在树木生活期中均有直径生长

6.1.1.2　竹材的宏观结构

竹材的宏观结构，是秆茎竹壁在肉眼和放大镜下的构成。

竹壁横切面上，有许多呈深色的菱形斑点；纵面上，它呈顺纹股状组织，用刀剔镊拉，可使它分离。这就是竹材构成中的维管束。

竹壁在宏观下由三部分构成，即竹皮、竹肉和髓环组织（髓环和髓）（图 6-1）。

竹皮是竹壁横切面上见不着维管束的最外侧部分。

髓外组织是竹壁邻接竹腔的部分，也不含维管束。

竹肉是竹皮和髓外组织之间的部分，在横切面上有维管束分布，维管束之间是基本组织。

竹壁内维管束的分布，从外向内由密变疏。竹青，即维管束数量多的外侧部分；竹黄，即维管束少的内侧部分。

6.1.1.3　竹材的特性

竹材和木材，虽说都是天然生长的有机体，同属非均质和不等方向性材料，但它们在外观形态、结构和化学成分上却有很大的差异，具有自己独特的物理机械性能。竹材和木材相比较，具有强度高、韧性大、刚性好、易加工等特点，因而具有多种多样的用途。这些特点从某种意义上讲是优点，但从另一种意义上看却又是缺陷。因此，只有很好地了解这些特点，才能把握和利用好竹材。竹材的

图 6-1
竹壁横切面宏观结构图

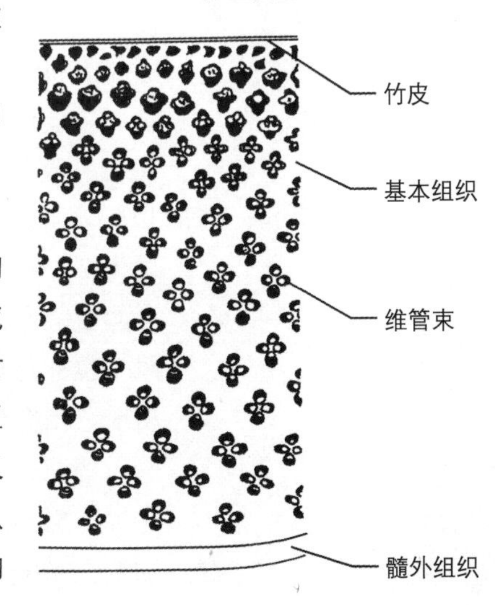

基本特性有以下几个方面：

竹材易加工。竹材纹理通直，劈裂性好，用简单的工具即可将竹子剖成很薄的竹篾，用其可以编织成各种图案的工艺品、家具、农具和各种生活用品；新鲜竹子通过烘烤还可以弯曲成型制成多种造型别致的竹制品；竹材色浅，易漂白和染色；原竹还可以直接用于建筑、渔业等多个领域。

竹材直径小，壁薄中空，具尖削度。竹材的直径相对小于木材。木材的直径大的可达 1 ~ 2 米，一般的也有几十厘米；而竹材的直径小的仅 1 ~ 2 厘米。中国经济价值较高、分布最广、产量最大的毛竹，其胸径也多数为 7 ~ 12 厘米，最大可达 18 厘米，而热带地区部分丛生竹直径可达 20 ~ 30 厘米。木材都是实心体，而竹材却壁薄中空，其直径和壁厚由根部至梢部逐渐变小，竹秆茎部的壁厚最大可达 20 毫米以上，而梢部壁厚仅有 2 ~ 3 毫米。

竹材结构不均匀。竹材在壁厚方向上，外层的竹青组织致密，质地坚硬，表面光滑，附有一层蜡质，对水和胶粘剂的润湿性差；内层的竹黄组织疏松，质地脆弱，对水和胶粘剂的润湿性也较差；中间的竹肉，性能介于竹青和竹黄之间，是竹材利用的主要部分。由于三者之间结构上的差异，导致了它们的密度、含水率、干缩率、强度、胶合性能等都有明显的差异，这一特性给竹材的加工和利用带来了很多不利的影响。木材虽然也有一些芯材、边材较明显的树种，却没有竹材这样明显的物理、力学和胶合性能上的差异。

竹材的各向异性明显。竹材和木材都具有各向异性的特点。但是，由于竹材中的维管束走向平行且整齐，纹理一致，没有横向联系，因而竹材的纵向强度大，横向强度小，容易产生劈裂，这是竹材劈裂性好的原因；一般木材纵横两个方向的强度比约为 20:1，而竹材却高达 30:1;竹材不同方向、不同部位的物理、力学性能及化学组成都有差异，因而给加工、利用带来许多不稳定的因素。

竹材易虫蛀、腐朽和霉变。竹材比一般木材含有更多的有机物质，成了一些昆虫和微生物（真菌）的营养物质，其中蛋白质为 1.5% ~ 6.0%，糖类为 2% 左右，淀粉类为 2.0% ~ 6.0%，脂肪和蜡质为 2.0% ~ 4.0%。因而，在适宜的温、湿度条件下使用和保存容易引起虫蛀和病腐。竹材的腐烂和霉变主要由腐朽菌寄生所引起，在通风不良的湿热条件下，极易发生霉变。大量试验表明，未经处理的竹材耐老化性能（耐久性）也较差。

竹材运输费用大，难以长期保存。竹材壁薄中空，因此体积大，实际容积小，车辆的实际装载量小，原条竹运输费用高。竹材易虫蛀、腐朽、霉变、干裂，因此在室外露天保存时间不宜过长，而且竹材砍伐有较强的季节性，每年 3 ~ 4 月要护笋养竹，不能砍伐。

由于竹材上述的基本特征，使各种高效率的木材加工的方法和机械都不能直接应用于竹材加工。如通过锯切不能获得定厚的竹片或竹板；通过旋切不能获得高得率的旋切竹单板；通过刨切也不能获得纹理美观的刨切竹薄木等。因此，千百年来，竹材长期停留在以原竹的形式或经过简单加工用于农业、渔业、建筑业或者编织生活用具及农具、传统的工艺品等的水平，而没有像木材那样，经过多种加工制成各种人造板进入百姓生活和工程领域，进而发挥重要的作用。

6.1.1.4　竹材的物理性质与力学性质

1. 竹材的物理性质

（1）含水率：竹材在生长时，含水率很高，依据季节而有变化，并在竹种间和秆茎内也有差别。例如毛竹在砍伐时的含水率平均达 80% 左右，气干后的平衡含水率随大气的温、湿度的变化而增减。根据测定，毛竹气干竹材在中国北京地区的平衡含水率为 15.7%。

（2）密度：竹材基本密度在 0.4 ~ 0.8（或 0.9）g/cm^3 之间。这主要取决于维管束密度及其构成。一般秆茎密度自内向外、自下向上逐渐增大，随着秆茎增高，竹壁厚度减少，秆壁内层的密度增加，而外部仅稍有变化。节部密度比节间稍大。

（3）干缩：竹材采伐后，在干燥过程中，由于水分蒸发而引起干缩。竹材的干缩，在不同方向上有显著差异。例如毛竹由气干状态至全干，测定其含水率降低 1% 的平均干缩率，结果为：纵向 0.024%，弦向 0.1822%，径向 0.1890%。可看出，纵向干缩要比横向干缩小得多，而弦向和径向的差异则不大。竹材秆壁同一水平高度，内、外干缩也有差异。竹青部分纵向干缩很小，可以忽略，而横向干缩最大；竹黄部分纵向干缩较竹青大，而绝对值仍小，但横向干缩则明显小于竹青。

2. 竹材的力学性质

竹材与木材相似，是非均质体，为各向异性材料。因此，竹材的物理、力学性质极不稳定，在某些方面超过木材。其复杂性主要表现在以下方面：

（1）由于维管束分布不均匀，使密度、干缩、强度等随秆茎高度、所在部位（内、外）不同而有差异。一般，竹材秆壁外侧维管束的分布较内侧为密，故其各种强度亦较高。竹材秆壁的密度自下向上逐渐增大，故其各种强度也增高。

（2）含水率的增减亦引起密度、干缩、强度等的变化。据测定，当含水率为 30% 时，毛竹的抗压强度只相当于含水率为 15% 时的 90%；也有报告说影响的程度较此高 1 倍。

（3）竹节部分与非竹节部分具有不同的物理、力学性质，如竹节部分的抗拉强度较节间为弱。

（4）随竹材竹龄的不同，其物理、力学性质亦不一致。幼龄竹竹材柔软，缺乏一定的强度；壮龄竹竹材则坚韧，富有弹性，力学强度高；老龄竹竹材，质地变脆，强度也随之降低。

（5）竹材在三个方向的物理、力学性质亦有差异，如竹材的顺纹抗劈性甚小。

以中国浙江和四川产毛竹为例，可知竹材的顺纹抗拉强度约比密度相同的木材高 1/2，顺纹抗压强度高 10% 左右。与钢材相比，竹材密度只有钢材的 1/6 ~ 1/8，而竹材的顺纹抗压强度约相当于钢材的 1/5 ~ 1/4，顺纹抗拉强度竟为钢材的 1/2（A3 钢）。因此，可以说竹材是一种强度大而质量轻的材料。

6.1.2 纯真的圆竹制品：手工、材料与设计

中华民族是世界上最早利用竹资源的民族之一。据考古发现，在多处原始社会的遗址中都有竹编织物的痕迹和实物，如半坡和庙底沟遗址中都出土过印有席纹的陶器。在距今 4700 多年的浙江吴兴钱山漾遗址中还出土了大量竹编，共计 200 多件，而且品种十分丰富，编织水平也相当高。据研究，这些器物中既有捕鱼用具，又有坐卧或者建筑上用的竹席，还有农桑生产用的篓、篮、谷箩、簸箕、箅等。可以说，竹子作为一种天然材料，伴随着我们度过了千百年的光阴，它默默地融入了寻常百姓的衣食住行之中（图 6–2）。在今天的新华字典中，仍然存有几百个以“竹”为偏旁的汉字，这也从另一个方面说明了竹的历史地位其来已久。

图 6–2
竹材在日常生活中的应用

在每一个中国人的回忆中，总有故乡的一把竹椅，总有一种声音：“吱呀吱呀”，总有一次不小心头发被夹到，总有一次露台竹躺椅乘凉的经历……太多太多有关圆竹家具的回忆，时至今日，我们依然想念。虽然技术和使用环境都在改变，但我们总能在不经意间感受到它们独具的魅力。

民间竹椅（图 6–3）是跨时代的，几百年来一直深受大家的喜爱，在厅堂街院随处可见，它们的样式也很少发生改变。这种竹椅低坐面、高靠背，结构合理，简洁轻巧，制作简单，甚至每年每家都要添上几把，虽然没有上百年的珍藏品，却将它们的历史一直贯穿在人们的日常生活中，满足了“实用”这个最基本、最简单的功能。在现在南方的民居中我们仍然可以看到许多这样的竹椅，虽然做工不是

那么精致，没有高档竹家具上那种细致紧密的栅格结构或者象牙、金属的装饰，但更有一种原汁原味的感觉，用久的椅子由淡黄色变成暗黄色，有的松动后有咯吱作响的声音，别具生活情趣。这样的椅子没有身份的界定，没有场合的限制，可以是一个文人坐在院子里悠闲吟诗，可以是一群老妪坐在巷子口家长里短。从这些民间竹椅中反映出的更多是休闲的生活方式。因为这样的竹椅仍然适应现在的生活，所以它可以一直存留下来，它是一种能够保留到现代的传统，也是经历了时间考验的经典设计。

图 6–3　民间竹椅

圆竹除了制作家居日用品外，在农业生产中也应用颇多。世界上许多民族都长期处于农业社会，农业生产是社会最基本的生产实践活动，而生产过程中的播种、中耕、灌溉、收获、运输、加工、储存等各个环节所用的工具基本都有竹制品的影子。在 2011 年北京国际设计三年展的“知竹”单元中，展出了一些越南民间生产用具，具有很强的实用性和审美性。其中有一件带有四条支腿的收割背筐（图 6–4），造型简洁利落，装饰只用竹篾颜色的深浅来达成，器物通高 130 厘米，弯腰收割庄稼时背在背后，直起身体时，支腿正好落在地上，可减轻人的负荷，设计构思巧妙至极。还有一件颈背部带轭的额头筐（图 6–5），前部的布条搭在额头，后方的轭卡在颈背部，头、颈、背共同承重，将重量最大化地分布在身体的多个部位，而不是全压在肩膀上，可以使人更轻松。

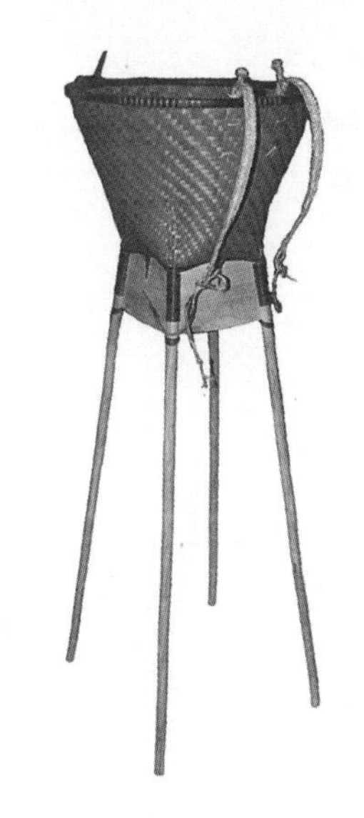

圆竹制品品种多，应用领域也极其广泛，其中反映出的一些传统设计的特点，对于我们深有启发。其一，是对材料的尊重和恰当应用。造物设计必须讲究选择材料和加工材料，一材有一材之用，一物有一物之用。例如民间制作竹椅时，因房前屋后到处都有立竹，一般会等到竹匠到场后由他根据需要选择好竹材后才砍伐，一方面可以使得郁制工艺顺利进行，另一方面也尽量做到材尽其用、少浪费。在给椅腿、搭脑下料时，竹匠会尽可能地考虑落地的四条腿距地面 30 毫米内有竹节、搭脑两端 20 毫米内有竹节，以保证强度。另外，选不含竹节的竹段来劈制座面板，以便劈切出的细竹条不易折断。在竹凳的固定环节，竹匠会选用鲜竹制作竹销钉，这样可以保证含水率、变形一致，不至于使零件开裂。又如在浙江东部一带，有一种竹制品被唤作“懒人”（图 6–6），它其实是家中晾晒衣物的架子，其巧妙之处在于对竹节处枝丫的妙用。在“懒人”中部的每一竹节处，都留有两个枝丫，方便挂晒，也可以给另外使用的横向竹竿作支撑。放置在院子里，轻巧易用，收放自如，哪里有阳光便靠向哪里，不用时

图 6–4（上）
越南民间生产用具：收割背筐
图 6–5（下）
越南民间生产用具：额头筐

图 6–6
竹制晾晒衣架："懒人"

就全部集中在角落。造物要顺其势，巧妙而合理地用材，才能让想法成为现实。

其二，实用与审美相得益彰。前文中提及的中国民间竹椅和越南民间农用竹器具都是普通且实用的，不奢侈，不昂贵，其作者也都不是名人，而是无名的工匠。这些日常器具，是为了使用而不是为了欣赏制造出来的，是百姓生活中不可缺少的物品，是平时使用的用具，是能批量生产的器具，是容易买到的廉价商品。然而，你无法否认这些圆竹器具的美，它们的身上有一种单纯朴实的品质，既不花哨，亦无奇异，唯有异乎寻常的安详，总是稳重而平静，予人一种无拘无束的安闲之美。这种美是百姓的日常生活和日常心态，器物被他们若无其事地制作，又被他们若无其事地使用着。日本民艺学者柳宗悦认为："在传统生活中，民艺品是为了满足用途而制造的物，造物的艺人须具备诚实的品格、长期的经验和得心应手的技术。为了用而真正创造的物自然而然地被赋予了美，这就是民艺。"这样的观点也适用于这些纯真的圆竹制品。

圆竹制品促发了我们对手工艺和现代设计的思考。法国启蒙时期哲学家卢梭在《爱弥儿》中谈道："工艺的功用最大，它通过手脑合力工作，使人的身心得到发展，它是人类职业中最古老、最直接、最神圣的教育方法之一。"从本质上讲，手工艺是一种手、脑合一的活动。这种活动于现今的科技时代依然是存在的。手工艺的劳动是创作设计和生产操作的统一，脑力劳动和体力劳动的统一，艺术创作和科学技术的统一。在创作和制作过程中，艺人们以手工劳动为主，发挥了惊人的艺术创造性，并且具有坚强的意志、细心而严肃的创作态度，凭借专门的工具及丰富多变的工艺技法，使产品获得完美的艺术效果。

目前，一提到设计，就是所谓的工业化时代中的机器化大生产的物品，我们虽然不能否定工业在设计领域内的巨大影响，但也须明了工业化在一定程度上造成了设计和生活、艺术的部分脱节。这种脱节，一方面削弱了设计师对生活的敏感性和亲身体验材料的悟性和动手能力，这势必会造成群体的根基单薄、设计产品的程式化趋势；另一方面，也为大众参与和欣赏设计形成了一定的障碍。精湛的手工艺必须面对特定的材料，心怀希望达成的目的，积极面对生活方式才能产生。其实，这一点也适用于现代产品设计，只有通过对生活、材料及技术的理解，设计才能达到真正的意义。

在首届北京国际设计三年展中，"知竹"单元精彩迭出，一些现代设计师的圆竹作品让人赞叹不已，这些作品无不反映出作者对材料和技术的娴熟把握，对生活的理解以及对文化的体悟。例如来自印度的

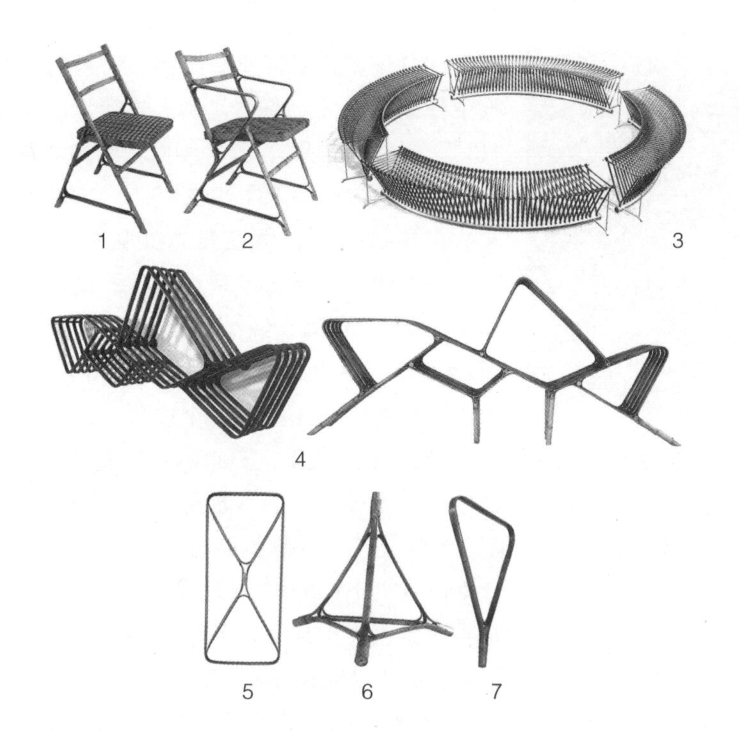

图 6-7
印度设计师桑迪普·桑伽如的圆竹作品系列（1-A 型椅；2-B 型椅；3-Truss Me 长凳；4- 风景书架；5-Truss Me 竹家具系列——新枝模型；6-Truss Me Module two 桁架系列；7-Truss Me Tetra 桁架系列。2011 年）

设计师桑迪普·桑伽如（Sandeep Sangaru，1974-）设计的“Truss-Me”系列产品（图 6-7）利用竹子的高拉伸应力和力学性质创建了一个结构体系，这种结构既轻巧又坚固，同时还有赏心悦目的形式。这一结构采用的技术手段是将坚实的竹竿劈成几节，然后从里面将其与另一片竹片粘贴层压，这种层压模件的作用就像一个轻量级的框架结构承重桁架。这种结构体系可以应用于家具、轻便的房屋以及适应各种需要的模块化系统。桑迪普·桑伽如的圆竹作品和模型证明了这种具有精美形式语言的结构具备实际的可行性。

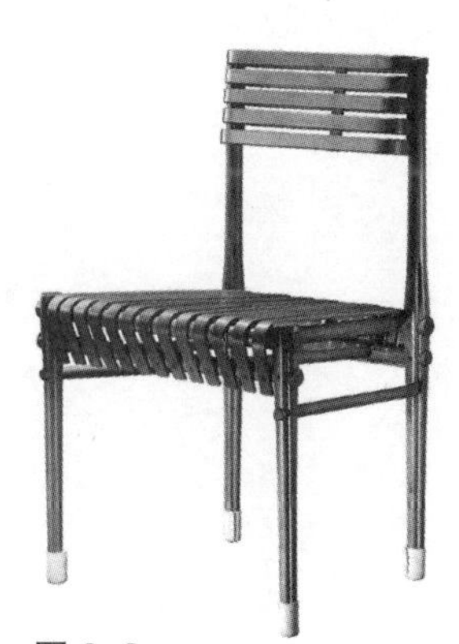

图 6-8
椅琴剑

竹剑是日本剑道的用具，在强度、弹性、重量方面有严格的要求，因此没有合适的材料就不可能做出符合标准的竹剑。中国台湾南投县竹山镇盛产孟宗竹和桂竹，品质一流，工匠手艺精湛，因此成了日本竹剑的原料加工基地。然而，近年来由于低廉的工资和经济产业转移的冲击，迫使竹山曾经风光的制竹产业渐渐沉寂。如何帮助制竹产业面对这一严峻的形势呢？来自中国台湾的设计师石大宇以此为题，结合竹材的天然特性和前人的生活智慧创作了圆竹家具“椅琴剑”（图 6-8）。椅脚采用现成的实心竹剑材料，实心竹料为回收竹条废料压合而成，既充分利用了资源又符合椅子的结构要求。椅面以竹条相间并列，其与下方支撑结构间的空隙使竹条受力时表现出轻微弹性，大大增加了使用时的舒适度。石大宇的另一件作品则包含了更多的文化意味。“椅君子”（图 6-9）全由手工制作而成，其椅座部分由竹条弯成的方圆框并列，方圆框之间留有空隙通风，且具有轻弹感，椅背结构是竹条方

图 6-9
椅君子

图 6–10
Bamgoo 竹身电动车

圆框的延伸，作者在座椅结构与竹条的张力极限中找到了交点。整件作品形式简洁，椅座从“口”，椅背从“尹”，整体侧面轮廓如“君”字之形，恰好切合了“君子比德于竹”的古语。

与中国一样，竹在日本文化中也具有很重要的地位。来自日本京都大学的设计师松重和美（Matsushige Kazumi）创作了一辆名为“Bamgoo”的竹身电动车（图 6–10），这是日本京都电动汽车工程的一个项目，旨在开发融合尖端科技和传统文化于一体的绿色汽车。“Bamgoo”重仅 60 公斤，速度最快为 50 公里 / 小时，计划用于市中心、名胜古迹、主题公园等。车身通体采用传统竹编工艺制成，竹纤维的弹性、弯折性以及名为 Henso 的工艺技术为“Bamgoo”自由流畅的外观设计提供了可能。同时，竹材的柔软和可变形等因素也为车身设计带来了新的人性化概念。当与行人发生碰撞时，车身会变形以确保行人的安全。

以圆竹创作的优秀产品不胜枚举，其中多半均由手工制作而成。材料是人和现实生活的桥梁，竹子也不例外。以圆竹制品为契机，重新审视手工和材料的特殊性，意在唤起人们对物和人本身的尊重，而这对于现代设计也是大有裨益的。

6.2 以竹代木：竹材人造板和竹集成材

6.2.1 竹材人造板的基本知识

20 世纪 60 年代以后，人们从木材经过科学加工制成人造板而从根本上改变了木材特性的事实中得到了启迪，开始了有关竹材人造板的探索与研究。随着人们对竹材本身的特性以及竹青、竹肉、竹黄相互的胶合性能进行了较为深入的研究，逐步揭示了它们的内在联系，先后研制开发了与木材人造板既有联系又有差别并具有某些特殊性能的多种竹材人造板。竹材人造板是以竹材为原料，经过一系列的机械和化学加工，在一定的温度和压力下，借助胶粘剂或竹材自身结合力的作用，胶合而成的板状材料。

竹材人造板与竹材相比较，具有以下特征：①幅面大，变形小，尺寸稳定；②强度大，刚性好，耐磨损；③可以根据使用要求调整产品结构和尺寸，并满足对强度和刚度等方面的要求；④具有一定的防虫、防腐性能；⑤改善了竹材本身的各向异性；⑥可以进行各种覆面和涂饰加工，以满足不同的使用要求。

竹材人造板是以竹材为原料的各种人造板的总称。竹材人造板的品种很多，但用途比较大、产量比较多的主要品种仅 20 多种，可以按加工工艺、产品结构和用途等来分类。这里，仅以加工工艺为分类原则略作说明。

首先是竹片法。竹片法是利用竹壁的整个厚度，形成较厚的平整的竹片，再按胶合板的构成方法将竹片组成板坯，胶合成 3 层或多层的竹材胶合板。根据竹片的加工方法可以分为加压展平法和刨削法。主要的产品有竹材胶合板（加压展平法）、竹集成材（刨削法）、竹集成地板（刨削法）。

其次是竹篾法。该法利用竹子易于沿纵向纤维方向劈裂的特点，将竹子沿厚度剖分成 0.5 ~ 3.0 毫米、宽度为 10 ~ 20 毫米的几层篾条。根据竹篾的加工方式，可分为竹席和竹帘。由其构成的主要产品有竹编胶合板、竹帘胶合板、竹篾层压板、竹材胶合模板（竹席竹帘复合板）。

再次是竹材碎料法。该法可制作竹材刨花板。根据木材刨花板的制作原理，为提高竹材的综合利用率，以小径竹、杂竹、竹梢和各种竹材加工剩余物为原料，经辊压、切断、刨片以后，再干燥、施胶、铺装成型、热压而制成的板材称为竹材刨花板。

最后是复合法。为了改善产品性能，降低生产成本，将上述竹材加工中的竹片、竹篾、竹碎料和木材加工中的单板、木板、刨花、纤维以及其他金属、织物、塑料、浸渍纸等单元材料中的任意几种进行组合，经热压胶合而成的复合板材称为复合板。目前，主要产品有竹木复合胶合板、竹木复合层积板、竹木复合地板、强化竹材刨花板、覆膜竹材刨花板、覆膜竹材胶合板等。

这里，还需介绍几种新型的竹材人造板。其一是利用竹材的制浆纤维，借用木材纤维板的工艺设备来生产的竹材纤维板。但具体的工艺参数，由于材性的差别，也有一些不同。目前，主要产品有竹材中密度纤维板。其二是重组竹板（图 6-11）。重组竹是根据重组木的制造工艺原理，以竹材为原料加工而成的一种新型人造竹材复合材料。重组竹是先将竹材碾开帚化成纵向连续、横向疏松而交错相连的竹束，竹束再经干燥、浸胶，干燥、铺装、高压强化成型等工艺制备的一种高强度竹质新型板状或其他形式的材料，竹材利用率一般可达 60% 以上。重组竹原料来源广泛，既可利用毛竹等大径级工业化竹种，也可利用小径竹或者薄壁竹。重组竹具有良好的力学性能，纹色美丽，具有天然木质感，触感与木材相同，温暖可亲，滑爽宜人。

图 6-11　重组竹板

6.2.2　繁密坚实：竹集成材

6.2.2.1　竹集成材的概念与分类

本书所涉及的竹集成材指的是非结构用竹集成材。

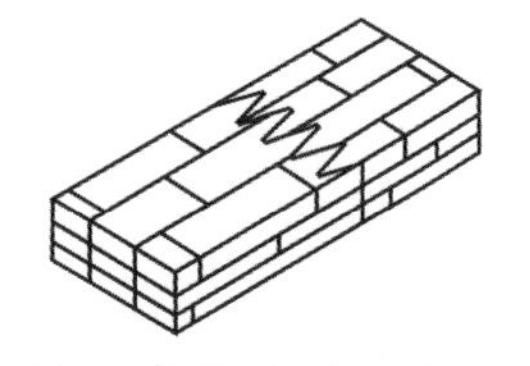

1.材面见指榫型示意图（V型）

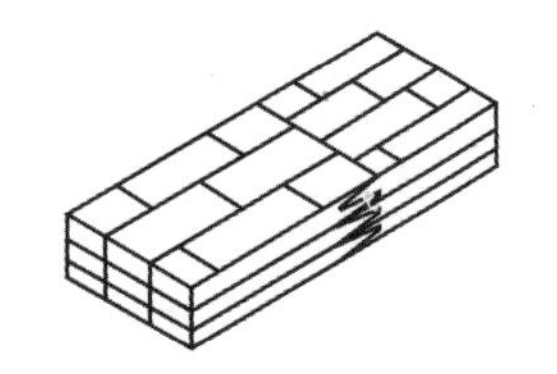

2.侧面见指榫型示意图（H型）

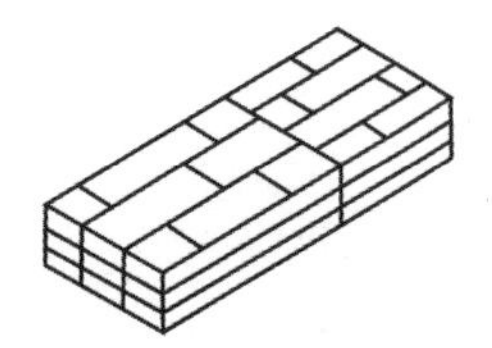

3.端面拼接型示意图

图 6–12
竹集成材的分类

先将竹子通过在同一轴上保持一定距离的两片锯片进行锯切加工制成竹条，再通过四面刨刨削加工制成定宽定厚、表面没有缝隙的竹片。这种加工方法的生产效率和竹材利用率较低，成本较高，但制成的竹片定宽定厚，表面无裂缝。将这种竹片组坯，并加压胶合而成的多层大幅面板材，一般被称为竹集成材，可用于家具和建筑装修。

国家林业局在 2009 年发布并实施了非结构用竹集成材的行业标准（LY/T 1815–2009），这份标准规定了用于家居、建筑业内部装饰装修等方面的非结构用竹集成材的术语和定义、分类、技术要求、检验方法、检验规则及标志、包装、运输和贮存。其中，“术语和定义”包括了这样一些内容：①竹指接条（Finger Jointed Bamboo Strip）：由两根或多根竹条沿长度方向指接而成的具有一定规格尺寸的竹条。②竹层板（Bamboo Lamination）：竹条经长度方向和（或）宽度方向胶合而成的板材。竹层板中所有竹条的纤维方向与竹层板的长度方向平行。③竹集成材（Glued Laminated Bamboo）：竹集成材由两层或多层竹层板沿厚度方向层压而成，各竹层板的纤维方向互相平行。④本色竹集成材（Natural Color Glued Laminated Bamboo）：由具有天然颜色的竹条制成的竹集成材。⑤漂白色竹集成材（Bleached Glued Laminated Bamboo）：由经过化学漂白处理后的竹材制成的竹集成材。⑥炭化色竹集成材：由经过高温处理后，颜色变为深褐色的竹条制成的竹集成材。

在非结构用竹集成材的行业标准中，按照不同的分类原则对这种材料进行了分类：①按竹集成材材面的形状分：材面见指榫型（V 型，如图 6–12 中 1 所示）、侧面见指榫型（H 型，如图 6–12 中 2 所示）、端面拼接型（如图 6–12 中 3 所示）。②按竹集成材的颜色分：本色竹集成材、漂白色竹集成材、炭化色竹集成材。非结构用竹集成材的行业标准也规定了材料的规格尺寸，其厚度、宽度和长度分别为 3 ~ 500 毫米、40 ~ 1500 毫米、400 ~ 10000 毫米。在实际生产中，3 ~ 8 毫米的薄型竹集成材主要用于室内装修和家具的表面装饰。薄型竹集成材由于竹片厚度小，侧向胶合的胶合面积小，因此，板面宽度方向的强度较小，运输、搬运中容易断裂；同时，由于竹条本身是一种非均质的材料，竹青面、竹黄面的干缩、湿胀应力不等，容易发生变形，因此也容易断裂。所以薄型竹集成材在胶合成型以后的锯边、砂光等工序中应特别注意防止横向断裂。

6.2.2.2　竹集成材的生产工艺

竹集成材是以同轴双锯片加工定宽定厚竹片工艺为核心的一种特殊产品。其加工精度、外观要求都比其他竹材人造板要求更高、更严格。竹集成材的生产工艺流程依次为：原竹、截断、开片、粗刨、炭化（或蒸煮、漂白）、干燥、精刨、分选、涂胶、组坯、热压、锯边、砂光、竹集成材成品。

1. 截断：是指选取新鲜的、4 年以上的原竹按照预先设定的长度用截断机锯成一段一段的竹筒，俗称下料。

2. 开片：将所截取的竹筒，用同轴双锯片开片机锯开，得到等宽等长的竹片。

3. 粗刨（四面刨平）：为了便于后续加工，必须将竹片两面的竹青、竹黄去掉，并刨削加工成断面形状为矩形的竹片。如果不去掉表层、里层的竹青、竹黄，不仅蒸煮漂白时化学药物难以渗透进去，达不到应有的效果，而且在竹片涂胶时胶粘剂无法润湿，竹片也就无法胶合。

4. 蒸煮、漂白：竹材比一般木材含有更多的营养物质，这些有机物质是一些昆虫和真菌的最好的营养，不经过处理或处理不好，势必影响其使用质量和使用寿命。在生产上，解决竹材虫蛀和霉变的方法有竹材蒸煮和竹材炭化。竹材蒸煮原理是通过高温煮沸，并加入一定量的氧化漂白剂及专用的防虫防霉剂，将竹材中的可溶性有机物析出，并杀死竹材中的虫卵和霉菌，以达到防虫防霉的目的。在蒸煮的过程中，由于氧化漂白剂的作用，使不同年龄和不同部位的竹材颜色趋于一致，增加了白度，减少了色差。

5. 炭化：炭化的原理是将竹片置于高温、高湿、高压的环境中，使竹材中的有机化合物分解，使蛀虫及霉菌失去营养来源，同时杀死附着在竹材中的虫卵及真菌。竹材经高温、高压后，竹纤维炭化变成古铜色或类似于咖啡的颜色。由于竹纤维在高温环境下炭化，对竹材自身的强度通常略有降低，但是竹材表面的硬度却略有提高。

6. 干燥：竹片干燥是竹集成材生产中重要的一个环节。竹片干燥后，一是可以防止在使用过程中干缩、开裂和变形；二是可以有效防止蛀虫和霉菌的生长；三是有利于热压胶合，提高其胶合强度。热压胶合时，竹片的含水率应在 10% 左右。

7. 精刨（四面精修平）：竹片经粗刨并干燥后，外形尺寸基本稳定和规整。由于外观和精度的要求，在热压之前必须使竹片的尺寸（主要是厚度和宽度）符合规定的要求，以使竹片与竹片之间达到拼缝紧密、无缝隙的效果。

8. 组坯热压：组坯热压就是将精刨后的竹片按照产品的结构要求，组合成板坯再胶合成规格板材。竹片在热压之前，需要均匀涂布一层胶粘剂。面板层和底板层的竹片需涂两个侧面（径切面）和竹黄面。芯层竹片四个面都要均匀涂布。涂布时可用涂胶机或用手工进行。竹片涂胶后，按照预先设定的规格和结构，将竹片分面、芯、底层组合起来，形成板坯。组坯时既可以单块单块地组，亦可根据热压机幅面整张地组。单块组合时，为了进出压机方便，可在两头用塑料捆扎。

组坯完成后，立即逐块移入热压机中加热加压。板坯达到工作压力后，胶粘剂在温度和压力作用下，迅速固化，完成胶合过程。

6.2.2.3 竹集成材的性能特点

竹集成材具有竹材原有的良好的物理力学性能，其收缩率低，强度大，尺寸稳定，幅面大，变形小，刚度好，耐磨损，并可进行锯截、刨削、镂铣、开榫、钻孔、砂光、装配和表面装饰等加工。

1. 密度。竹集成材的密度，是由竹材自身的密度、使用的胶粘剂和热压工艺条件等多种因素确定的。竹材本身具有较高的密度，因此竹集成材的密度比同品种的木质人造板一般都要高一些。热压胶合中采用的温度越高，压力越大，则获得的竹集成材的强度等性能也越高。但是材料的密度提高意味着压缩损失的增大，从而减小了材料的利用率。

2. 干缩、膨胀率。竹集成材和木材、竹材一样，吸收水分以后，板材的外形尺寸要扩大，即膨胀，排出水分则减小，即干缩。

3. 静弯曲强度。静弯曲强度是材料承受弯曲应力的能力。竹材的静曲强度很高，多数竹种都大于 150 兆帕。因此，竹集成材的静弯曲强度要比同结构、同厚度、同密度的木质人造板高得多。

4. 弹性模量。弹性模量是材料抗变形能力的标志。竹材由于结构性好，因此其自身的弹性模量仅为 11000 兆帕，与普通中等硬度的木材的弹性模量相近，因而竹集成材的弹性模量与同结构、同厚度、同密度的木材人造板大体相近。

5. 胶合强度。胶合强度是胶合材料胶合的牢固程度。竹材的竹青和竹黄对一般的酚醛树脂胶、脲醛树脂胶没有润湿能力，因此不能胶合。竹材除去竹青和竹黄以后，对各种胶粘剂都有润湿能力，胶合性能和木材相似。

6. 冲击韧性。冲击韧性是材料承受冲击载荷而折断时，材料单位面积吸收的能量，亦称冲击功或冲击系数。竹材韧性好，易弯曲变形。因此，竹材制成竹集成材以后，与同种结构同条件的木质人造板相比较，具有较好的冲击韧性。

此外，竹集成材可以根据使用要求调整产品结构和尺寸，以满足对强度和刚度等方面的要求，也可以进行各种覆面和涂饰装饰。另一方面，由于竹材生产时经过一定的水热处理，成品封闭性好，竹集成材可以有效地防止虫蛀和霉变。

6.2.3 介乎两者之间：整竹展开材

图 6–13
整竹展开竹平板

“整竹展开材”，即“整竹展开竹平板”（图 6–13），其生产工艺是取上下直径相差不大的圆竹原材，长度大约在 1.5 米到 2 米之间，将竹筒截断，机械加工去除内外节和竹青、竹黄，在圆竹表面锯开一条缝，并在圆竹内壁上拉出网状小槽以避免在整竹展开时竹子因自身的应力而发生断裂，经高温软化后送入展开模中展平即获得整竹展开竹平板。其特征是幅宽与竹筒的周长基本相等，且展开表面无肉眼可见裂纹。与用平板加压半竹的展开方法相比，所获得的竹板幅面增加一倍或一倍以上。由于采用竹筒与流线型曲面模具相对运动的竹材展开方式，与平板加压半竹展开的竹板相比，展开后的竹板质量明显提高。

整竹展开竹平板极大地减少了圆竹转化成竹板的过程中产生的材料浪费，同时摒弃了竹集成材在拼板时使用的大量胶料，制作过程更为环保，并完整地保留了竹材的表面视觉效果。它集合了圆竹材与竹集成材的特点，既完整保留了圆竹的竹节视觉审美效果也满足了批量生产的要求。

整竹展开竹平板可以用来刨切薄片作为贴面使用：由展开后的竹平板刨切成不同厚度的薄片（最薄可刨切到 0.2 毫米），粘贴在各种类型的板基上，可用来制作竹地板、复合地板、家具面板、人造板贴面及各种装饰材料，且不需纵向接长。用这种方法获得的竹材薄片长度明显增加，板面的纹理更加自然、美观。这种产品不仅保持了竹材原有的天然纹理，而且能使竹材的利用率获得最大化，具有可观的经济效益。

“整竹展开材”是一种全新的竹材产品，如果将其运用到产品设计中，相信可以给使用者带来耳目一新的感受，从而丰富人们的生活。由于“整竹展开材”为全新的竹材产品，将其作为家具或家居日用品材料进行开发利用的案例甚少，此处仅举几例以作说明。其一是搁架产品（图 6–14），这件搁架均由“整竹展开材”制作而成，除了面板，将其他部件漆成白色，这样的做法是为了更好地体现其材料的特色。“整竹展开材”也有在家居小产品上应用的尝试，例如砧板（图 6–15）、收纳盒、茶盘（图 6–16）等。其中，将“整竹展开材”作为砧板是非常简单而直接的思考。市场上的竹砧板多由竹集成材制成，产品种类已非常丰富，尺寸、形态、功能上的考虑都有。但是现有的竹集成材多由竹条胶合拼接而成，故消费者在使用竹砧板时仍然有安全的顾虑。

图 6–14（左）
由整竹展开材制成的搁架产品
图 6–15（右）
由整竹展开材制成的砧板

图 6–16
由整竹展开材制成的茶盘

“整竹展开材”是表面无胶的，因而在使用中能做到与食物的零胶接触。以这种材料制作茶盘也是类似的道理，但是在这件产品中，设计者通过内挖凹面从而形成了与材料表面颜色、肌理的细微变化。以“整竹展开材”作为相框的材料则差强人意，在相框上的小面积使用并不能很好地体现“整竹展开材”的特色。这些现有的产品对我们的设计实践将有一定的参考与借鉴意义。

“原生 · 力量”是中国美术学院工业设计系 2012 届研究生李祥仁同学创作的一组家具设计作品（图 6–17~ 图 6–20）。“整竹展开”工艺是竹材研究领域内的新成果，作者敏锐地关注到了这一成果并将其应用到创作中，探索其在设计领域内的多种可能性。

“整竹展开材”完整地保留了圆竹的表面视觉与触觉感受，竹子细密的直向纹理组成的面与竹节横向纹理形成的线的对比是“整竹展开材”所特有的，加之其表面可以进行天然的蜡油处理，能达到竹材温润的视觉效果与细腻的触感，这种材料的美感需要在较大面积上呈现出来。“原生 · 力量”系列作品充分利用了“整竹展开材”的本色和纹理而不加掩饰，深沉的色调、细腻的质感，带给人们独特的视觉与触觉感受，这反映了作者忠实于材料、体现材料自身特点的设计思想。

其次，在设计中，材质的美感可以通过材料的选择和匹配来实现。我们可以把相似质地的材料匹配在一起作为设计元素，也可以把质地对比强烈的材料匹配在一起作为设计元素。“原生 · 力量”选择了后者。“整竹展开材”与不锈钢材，一个是天然质地，有传统之感；一个是人工质地，有现代时尚之感。“整竹展开材”可经钻铣漆装等加工获得不

从左至右
图 6–17
“原生 · 力量”系列家具设计之一
图 6–18
“原生 · 力量”系列家具设计之二
图 6–19
“原生 · 力量”系列家具设计之三
图 6–20
“原生 · 力量”系列家具设计之四

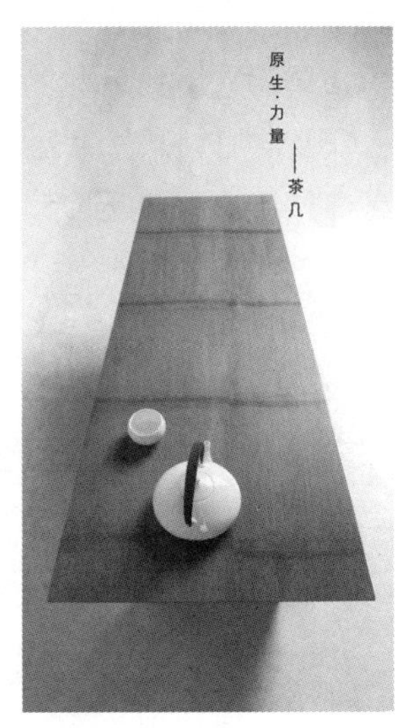

同效果，其从表到里的色彩深度有细微的变化，通过内挖凹面能与顶面产生颜色的细微变化。不锈钢可经镜面与拉丝处理，两者的反射程度也不同。竹材经透明漆装与涂油处理之后颜色会略微变深，特别是经木蜡油处理之后能产生如陈年竹材的温润之感，其与不锈钢材的结合使用在一定程度上体现了传统与现代的交融。

“原生·力量”造型洗练，简洁利落，作品通过材料搭配、线面与体块结合等方法产生了丰富的变化，增加了家具的形体美，在形式上有鲜明的特色，同时也能够满足一定的功能需求。

正如前文所述，相较于竹集成材，“整竹展开材”提高了圆竹的利用率，并在加工过程中减少了人工胶粘剂的使用，而这种胶粘剂是产生污染问题的原因之一。仅从这一点来讲，“整竹展开材”比现有的竹集成材更具环保性。但环保的问题是多方面的。这里需要说明的是，至目前为止，基于“整竹展开材”的整板弯曲还是一个未知数，市场上也未见相关的产品，这对于“整竹展开材”在设计中的应用算是一个美中不足之处。但是，在材料的弯曲过程中，必然会消耗大量的水电能源，这也是我们在考虑环保因素时应该注意的问题。这样看来，“整竹展开材”目前的弯曲未知化不一定就是缺憾。所以，我们在进行产品设计时应尝试对“整竹展开材”进行单纯化处理，结构上也努力地进行简易化设计以直接减少材料的用量，这也是坚持环保原则的优良做法。

6.2.4 反思与展望：竹集成材、天然竹纤维与可持续性

一直以来，竹子与可持续、生态、绿色或低碳这样的词语紧密相连。正如前文所述，与树木相比，竹子的生长速度快，树木需要数十年甚至百年才能成林，竹子则仅需要几年就能成材。然而，我们是否能够仅凭竹材的这种特征就认定它具有可持续性的优势呢?

可持续性（Sustainability）指的是一种设计和开发方法，它侧重于以往未被重视的环境、社会和经济要素。可持续解决方案力图改进我们赖以为生的诸多系统，包括高效运作资本和市场，高效利用自然资源，对环境减少废物和毒素的排放，但同时又不至于伤害地球上自然及社会中的人类。可持续性重点关注更有利于社会、环境和企业的效能和高效解决方案。[①] 有几种方法或者框架体系可以帮助我们理解可持续性以及可持续性对产品设计的影响，生命周期分析（Life Cycle Analysis，简称 LCA）是其中重要的一种。

生命周期评价最早出现在 20 世纪 60 年代末 70 年代初的美国，

---

① 设计反思：可持续设计策略与实践．清华大学出版社，2011（1）．

当时的石油短缺促使人们开始思考如何合理规划未来地球能源和资源的使用。LCA 的发展经历了萌芽、探索和迅速发展三个阶段。关于生命周期评价的准确定义，目前还存在一些争论，但核心都是“对材料或产品在制造、使用、回收、废弃与处置等全过程中的环境影响进行综合评价”。迄今 ,LCA 作为一种评价产品、工艺整个生命周期内环境后果的分析工具 , 已经运用在建筑、化工、能源新材料、食品加工、交通、运输、林业等各个领域。

国外有学者尝试着将生命周期评价的方法应用于竹材，他们经研究认为，竹材的环境优势与其使用形式密切相关，如果竹材以竹秆的形态应用，其环境优势是其他材料的 20 倍以上，但如果用于制浆造纸，环境优势则不明显。那么竹集成材呢? 众所周知，竹集成材可算是竹材工业化历程中具有决定性的产品，它的出现极大地克服了原竹材的种种缺陷。以其为基材，可以制造出大量的竹制品，扩展了竹材的应用范围，也丰富了我们的生活。其中，竹集成材地板、竹集成材家具及家居用品是应用竹集成材的典型案例。

按照产品种类，竹地板大致可分为三类：竹集成材地板、竹木复合地板、竹重组材地板。竹地板是我国的特色竹产品，生产技术和产品质量均处于国际领先水平。以 2008 年为例，这一年我国的竹地板产量达到了约 2011 万平方米 (含竹木复合地板)，产值 30 亿元，其中出口 3.24 亿美元。目前，竹地板已占我国木质地板总产量的 7%，其中 60% ~ 70% 出口到欧洲、美国、日本等发达国家和地区。在世界范围内的竹地板贸易中，中国占据了约 90% 的市场份额。竹集成材地板是由规格精刨竹条为单元层积组成的板材，具有制造工艺简单、保留了竹子的天然纹理和色泽等优点，但原材料的利用率低，只有 40% ~ 50%。竹集成材地板目前在竹地板中占据最大的市场份额。虽然与钢铁、水泥等传统高能耗、高污染产品相比，竹地板生产利用的是可再生资源，加工过程的能耗相对较低，但由于技术水平等方面的限制，竹地板生产过程也存在着水体污染、有害气体排放等环境问题，给环境和人类健康带来了一定的危害。

尽管生命周期方法的应用在国内林业界起步较晚，但我们仍然欣喜地看到了相关专家和学者在这方面的研究成果。近几年，中国林业科学研究院的学者开始利用 LCA 评价软件对竹集成材地板整个生命周期中物质和能量的输入、输出进行定量分析，研究其整个生命周期的环境影响。他们的研究结果表明：针对竹集成材地板，其竹条生产阶段为整个生命周期中环境负荷最大的环节，其次为板坯生产、地板成品生产和使用阶段，而竹林培育和废弃阶段对气候变化有积极影响。将运输阶段单列后，各生命阶段的环境负荷大小为：生产 > 运输 > 使用。[①] 随后，福建农林大学的学者也利用LCA评价软件对竹集成材地板和竹重组材地板的生命周期进行了研究与评价，针对竹集成材地板，他们的研究结果表明：在生产阶段，竹条制造工艺过程造成的环境负荷最大，约占59.3%，其次为地板成品生产，占21.1%，板坯生产的环境负荷最低，占18%。在竹集成材地板的生产中，竹条生产阶段的环境负荷是板坯和成品制造两个阶段的2～3倍，原因是该阶段消耗的电力、热能、水资源最多，水体排放量最大。竹条生产阶段对人体健康的影响也最大，其次为成品制造阶段，最小为板坯制造阶段。对于生态系统质量的影响，竹条制造阶段最大，板坯制造次之，成品制造最小；而对于资源损耗，竹条生产阶段最大，成品制造阶段次之，板坯制造阶段最小。在竹集成地板的整个生命周期中，产品制造阶段对环境造成的负荷最大，使用阶段对环境几乎没有不利影响。废弃阶段由于将地板燃烧的热能加以利用，减少了相应煤资源的消耗，所以从全球范围上看，对改善环境有积极作用。[②]

看到竹集成材的生命周期评价结果，不禁令人感到有些沮丧，但这也促使我们学会系统地看待“竹材是一种可持续性材料”的问题。实际上，“可持续性”本身就是一个系统的概念，其固有的系统观包含生态影响、文化影响、金融约束等，它不但涉及环境问题，还涉及种种人类和金融问题。任何事物都存在于系统之中，孤立而割裂地看待一个事物只会让人从一个极端走向另一个极端。对于竹集成材，专家学者的研究一方面将促使我们更好地优化工艺以提升其环境友好性，而并非彻底抹杀这种材料的使用优势；另一方面也让我们把视角转向竹材未来可能的发展方向。

经历了半个多世纪的研究，天然竹纤维已经形成了从原材料选取到最终应用的系统性研究体系。天然竹纤维是以竹子原料经机械、物理方法提取而成的。在加工过程中，不破坏竹材的纤维束结构，只去除纤维束外的植物组织。竹子单纤维长度较小，一般在2毫米左右，多用于造纸制浆。通常，竹纤维以纤维束形式应用，其纵向由多根单纤维粘结组成，形状与大麻、黄麻、亚麻等相近。[③] 随着新材料的不断涌现，天然竹纤维的应用领域也在不断地扩展，天然竹纤维复合材料就是其中之一。

在众多增强复合材料当中，玻璃纤维和碳纤维的应用最为广泛，

---

① 王爱华．竹／木质产品生命周期评价及其应用研究．中国林业科学研究院博士论文．2007.

② 余翔．竹集成材地板和竹重组材地板生命周期评价（LCA）比较研究．福建农林大学硕士论文．2011.

③ 张蔚，姚文斌，李文彬．竹纤维加工技术的研究进展．农业工程学报．2008.

也最为人所认识。然而，对于环境保护、生产污染等问题的日益关注使工程师们将研究和开发的重点转向了低成本、轻量、可以被生物降解的天然纤维。采用现代复合工艺，将天然纤维与树脂复合成型为代木或代玻璃钢材料是综合利用天然植物纤维的最主要的方法。事实上，大部分植物纤维复合材料性能较低，只有一些性能较高的植物纤维增强的复合材料才具有更高的工业利用价值。麻类纤维和竹类纤维因其拉伸强度比其他天然纤维高，可以称为高性能天然纤维。

竹纤维作为一种可再生的生物资源，具有来源丰富、价格低廉、可再生、可降解、高性能比的特点，可以跟玻璃纤维和碳纤维一样用作增强材料。在某些领域，竹纤维含量高的复合材料的强度可与玻璃纤维或其他各种天然纤维增强的复合材料相媲美。以汽车用天然竹纤维为例，与合成纤维相比，除具有强度高、刚度好等优良性能外，还具有抗菌、除臭、隔声、吸湿等性能上的优势，加之具有可降解等特点，未来很可能成为汽车行业的首选材料之一。2003 年以来，国内一些院校与日本多家公司合作开发出了车用天然竹纤维非织造材料和复合材料，试生产的产品有轿车的门内板、行李厢、顶棚、座椅背板以及卡 / 客车的车厢内衬板、门板、顶棚、座椅背板等。2004 年还开发出了天然竹纤维隔热 / 声和阻尼材料，在 2005 年日本爱知博览会上受到了极大关注。

目前，环境材料已成为新材料领域中的一个新的研究方向。在环境材料中，天然竹纤维扮演着越来越重要的角色。高性能天然竹纤维及其复合材料的研究、开发与应用已成为全球研究的热点。作为一种新的加工技术，天然竹纤维复合材料将成为今后的发展趋势，并应用于更多的生产领域。开发天然竹纤维，拓宽其应用范围，或许是对竹材最本质的利用之一。

6.3 竹子的价值：生态与文化

6.3.1 “弹 · 竹”：以设计提升竹材的生态价值

“刨切薄竹”工艺是将竹片重组成竹方，然后通过刨切加工成各种厚度的刨切薄竹（图 6–21）。刨切薄竹的厚度一般在 0.15 ~ 1.5 毫米之间，微薄竹的厚度在 0.15 ~ 0.5 毫米之间。将刨切薄竹进一步进行深加工，如染色、阻燃等处理，能够生产出染色薄竹、阻燃薄竹等一系列产品。另外，还可将薄竹与无纺布等柔性材料贴合拼宽成大幅面，不仅可以克服刨切薄竹脆性大、易破损、幅面小、易透胶等缺点，简化薄竹贴面的生产工序，而且还可实现薄竹的专业化定点生产，提高薄竹生产的科技含量。

图 6–21　刨切薄竹

刨切薄竹生产工艺由径向集成竹块制造、竹块层积胶合成竹方、刨切薄竹三部分组成。其中，竹块制造环节包括竹片挑选、胶粘剂的研制、竹条涂胶、组坯及热压工艺、径向集成竹块的整形；竹方制造环节包括竹块叠层胶合制成竹方，调湿处理；刨切薄竹环节包括竹方软化处理、刨切刀具的调整、竹方刨切。影响刨切薄竹质量的关键是竹方软化工艺与所用胶粘剂的匹配。径向集成竹块及竹块叠层胶合成竹方所用胶粘剂、软化温度及时间、刨切参数等直接关系到刨切工艺的可行性、产品质量的好坏及生产效率，各环节彼此紧密相关，构成严密的技术体系。

图 6-22
不同的竹皮品种

刨切薄竹不仅具有清新自然、真实淡雅的竹材质感，给人以自然之美，而且可促成目前竹集成材加工产业链的延伸。刨切薄竹也被大家俗称为“竹皮”，根据竹方不同的组坯和工艺处理方式，可以产生不同的竹皮品种：本色平压竹皮、本色侧压竹皮、炭化平压竹皮、炭化侧压竹皮等（图 6-22）。随着竹材的推广和技术的进步，人们又创造出了编织竹皮和斑马纹竹皮，极大地丰富了竹皮的种类。竹皮的潜力是巨大的，它的出现给家具设计、灯具饰品、室内装修以及各种电子产品的发展带来了更多的材料选择（图 6-23）。竹皮具有良好的透光性，不仅透光性强，而且光线柔和而饱满，温馨且自然，是进行灯饰开发的不错的选择。此外，它在竹材弯曲胶合家具设计中的应用也令人惊喜。

图 6-23
戴尔电脑外壳（美国戴尔公司，2008 年）

在 2013 年中国美术学院工业设计系的毕业展上，出现了一组被命名为“弹·竹”的竹家具设计作品（设计者：丁宁、林瑞虎、杨子江）。这几件经过改良和拓展后的竹家具，设计简约流畅，兼顾实用与环保，更符合现代人的生活需求（图 6-24~ 图 6-26）。“弹·竹”系列竹家具所选用的主要材料便是刨切薄竹。

竹子是一种环保低碳、再生周期短的绿色材料，正因为如此，人们认为竹家具就等于绿色家具。然而，“弹·竹”的三位创作者以为，竹家具作为绿色家具的意义绝非仅限于此，竹家具还有更多的生态意义有待挖掘。

图 6-24
“弹·竹”系列竹家具设计之一

图 6-25
“弹·竹”系列竹家具设计之二

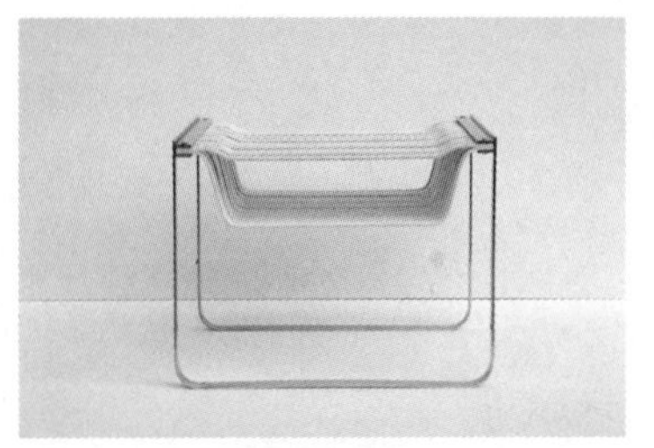

图 6-26
“弹·竹”系列竹家具设计之三

图 6–27
“弹・竹”系列竹家具的模具之一

6.3.1.1 “弹・竹”与模块化设计

“弹・竹”系列作品可以说是一次模块化设计理念在竹家具中的应用尝试。所谓的模块化设计，简单地说，就是将产品的某些要素组合在一起，构成一个具有特定功能的子系统，将这个子系统作为通用性的模块与其他产品要素进行多种组合，构成新的系统，产生多种不同功能或相同功能、不同性能的系列产品。从模块化设计思想的出现到广泛应用，是由于它迎合了人们生活中的某些需求。在家具设计领域尤其如此，模块化的家具可以大规模地生产，拆装便利，方便运输，同时能够满足不同用户的不同需求，宜家的成功就很好地证明了模块化家具设计的优越性。因此，同学们从“模块化”这个设计点入手，希望寻找一种可以更多地体现竹材生态价值的设计方式。

在作者的设想中，首先将特定厚度的刨切薄竹材料裁切成所需要的形状，涂胶后层层叠置于不同的模具中冷压，以获得不同形式的单元件。其次，再将数种单元件相互组合，构成不同的模块。再次，重复制作同一模块，形成座面。最后，将座面与不锈钢支架组合起来，完成作品。

基于强度、弹性及舒适度等几方面的考量，经过反复的制作与测试，作者决定采用 7 层刨切薄竹进行胶合冷压，并制作了 12 套模具供实验研究（图 6–27），每组模具有不同的长度和曲线，并最终采用了其中的 5 套模具来制作所需要的单元件。这些单元件被命名为“小曲 1”、“小曲 2”、“中曲”、“大曲 1”和“大曲 2”，再通过不同方式的组合来构成所需模块（图 6–28）。

“弹・竹”系列作品抛开了刨切薄竹现有的作为饰面板的用途，充分利用了其经过叠加冷压后所具有的弹性和强度，可谓另辟蹊径。这种对材料性能的认知又是建立在长期、大量的实验基础上的，这一点更显难能可贵。“弹・竹”意在突出竹材本身特有的性能，通过模块化设计，赋予每件作品不同的形式和功能，满足了人们的多样化需求。

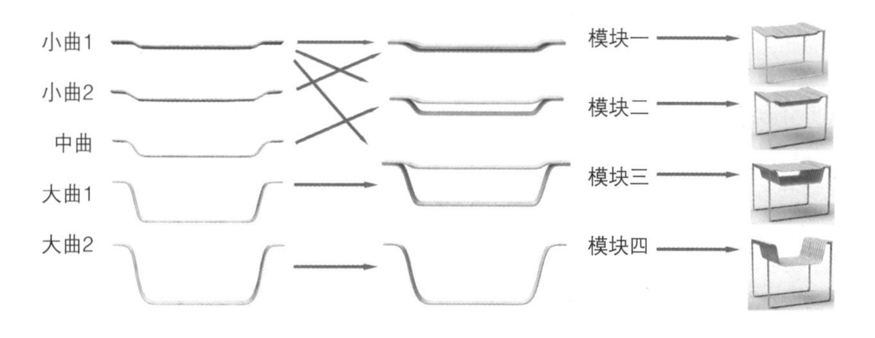

图 6–28
“弹・竹”系列竹家具的设计构思

6.3.1.2 “弹・竹”与可拆卸、可替换设计

在使用模块化设计的基础上，作者也细心地考虑了可拆卸、可替换的问题。可拆卸设计是产品设计的一种特性，可使该产品在其有效寿命终结时以一种允许其零部件再使用、再循环、能量回收或以某种由废物流转移的方式进行拆除。可拆卸设计的重点是产品连接节点的设计。在设计的前期调研中，同学们发现，在传统的竹产品中，部件之间的连接都是以穿插、榫卯、捆绑为主的柔性连接，而不是焊接、粘贴等刚性连接，这样的连接方式保证了产品拆卸的方便性。由于竹材料的环境协调性，使竹产品在被丢弃后可以迅速地降解，回归到自然界的能量循环中，可拆卸设计保证了这种再生方式的顺利实现。同时，可替换设计的思想在传统的竹产品中也有一定的体现。所谓可替换，是指产品易消耗和易磨损部分破损以后可以用新的部件进行替换，从而延长整个产品的使用寿命。在我国常见的竹制生产生活用具中，大多采用编织和穿插的方式，这样的制作方式，使得产品在局部破损以后对正常的使用影响不大，并且可以进行损坏部分的修复和替换。竹材料容易老化和腐烂是竹材最大的缺点之一，可替换设计的思想则为我们提供了另外一种思路。

如图 6-29 所示，“弹・竹”系列竹凳采用了可拆卸、可替换的形式，组成凳面的模块是可拆卸、可替换的，而整组坐具的不锈钢框架和座面也都是可拆卸的。一方面，这样的设计在生产、储存、运输、销售、安装等方面有许多适应现代化大生产的优点，有利于降低成本，缩短生产周期，提高产品的市场竞争力；另一方面，当其中某些模块老化或者损坏时，可以方便地被替换而不影响整体的外观和使用，从生态设计的角度讲，它对环境保护也具有重要的意义。

竹子具有多重的价值，生态价值、文化价值都含列其中。当下，有关生态的话题不得不提，因为这关系到人类生活的环境以及未来的发展，在任何领域都已经涉及生态学方面的研究。在材料学领域，除了对材料进行传统的性能方面的研究外，还要对材料的环境协调性能

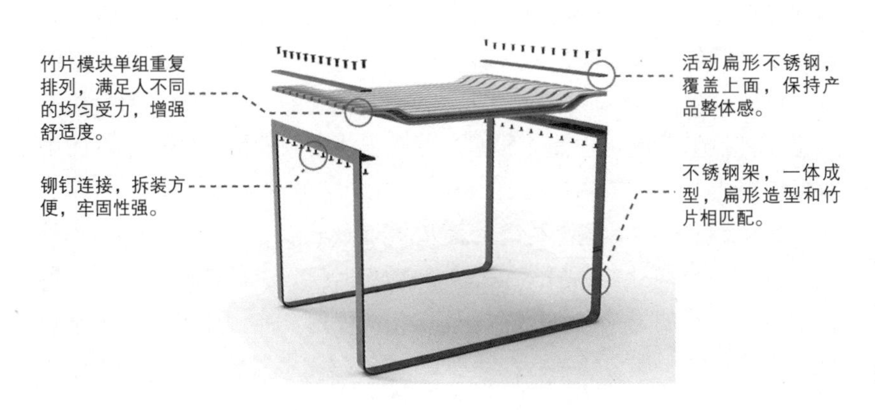

图 6-29
“弹・竹”系列作品的爆炸分析图

进行评价；在设计学领域，对于生态方面的考虑也逐渐成为一股重要的力量，影响着产品的最终效果。当我们用传统的眼光来看竹子的时候，它只是世界万物中很普通的一种植物，固然有着其本身的优点，然而其缺点也同样明显。生态设计的出现以及竹子本身对于环境、对于自然的良好表现促使我们重新思考：单单使用了竹材是否意味着充分发挥了这种绿色材料的生态价值和意义？“弹·竹”的案例告诉我们，设计对于竹产品附加价值的创造和整体价值的提升具有相当的可能性，而这种价值的提升，需要通过具体的设计手段来实现。

图 6–30
传统嵊州竹编名品

6.3.2 “篁丝陶塑”：以设计促进竹材的文化传承

英国著名科学家李约瑟在《中国科学技术史》中指出：中国古代文明是“竹子文明”。在中华民族五千年的历史长河中，竹子与人民的生活息息相关，竹子对我国文学艺术、绘画艺术、工艺美术、音乐文化、园林艺术、宗教文化和民俗文化的发展都有重要的促进作用。

除了文人墨客，竹子也为劳动人民提供了无尽的想象力，创造出了种类繁多的工艺品。其中，竹编工艺是非常有价值的一门艺术。据考古资料证明，我国竹编的历史可以追溯到新石器时代的初期，在春秋战国时代得到初步发展，至唐宋、明清逐渐繁荣，兴盛于 20 世纪 70、80 年代。然而，曾几何时，传统竹编工艺失去了往日璀璨的光芒，逐渐走向了衰退与没落。

2006 年，被誉为“中外竹编第一家”的浙江嵊州竹编终于被纳入首批国家级非物质文化遗产名录，先前的一些竹编名品（图 6–30）纷纷进入博物馆进行文化保护。博物馆和非物质文化遗产保护事业的推行，是让人们从意识上改变的一个重要的进步。但是，这种被动式的保护机制是否能真正地从根本上解决竹编工艺的一些现实问题，我们还需认真考虑。

图 6–31
“篁丝陶塑”系列现代日用品设计

中国美术学院工业设计系 2012 届研究生李演同学以浙江嵊州传统竹编工艺为研究对象，创作了“篁丝陶塑”系列现代日用品设计（图 6–31），这是一种努力将传统手工艺与现代生活方式进行联结的设计尝试。设计师的思维没有局限在具象的器物上，而是直指传统文化与现代设计的共生。“篁丝陶塑”系列作品尺度适宜、形式优雅，用材相得益彰，其价值非仅止于美化居室，更在于体验中国优秀的造物设计传统带给现代人的从容与宁静。

6.3.2.1 传统竹编与现代生活诉求的联结

这是一个建立在品质与美学上的精品时代，设计师者通过产品向人们表达复杂的情感和细微的心理变化。任何产品，如果没有满足时代的生活诉求，那它就不会打动观众。“篁丝陶塑”的作者通过对材料和工艺的研究，探索竹编产品在当下生活中可能存在的形式、可以拓展的领域，适当考虑人类感情和精神上的细微接触，力求与人相宜。

作者通过研究竹材自身的特性，结合理解，总结出了竹编产品“寿、皱、漏、透”的特征。寿：原指寿命、长寿，意指竹材的生长周期短，使用寿命长，具有极好的环保性；皱：本义是指皮肤因松弛而起的纹路，意指竹丝篾片的柔韧，可弯曲性，可以根据产品造型的不同而编织出不同的纹样效果；漏：主要是指渗透、漏风等，指物体有孔或缝透过，喻指竹编通过不同的编织方法，可以控制竹丝篾片的疏密程度，形成不同大小的缝或孔，具有漏水、透气等功能；透是穿透、透彻的意思，与“漏”有异曲同工之处，但更偏向于非实体的事物，如透光性、透气性等。

竹编产品的特征可以很好地被利用在当下生活日用品的设计之中，人们一方面希望自己的生活更简单、更方便，另一方面，也希望在平凡的生活中拥有更丰富、更细腻的情感体验。这是一个民主平等的时代，也是一个追求自由与个性的时代，每一个人都希望可以挣脱束缚，可以根据自己的理解来享受美。例如室内陈设已经逐渐成为人们生活中不可或缺的一部分，是人们追求生活品质感和美感的重要方式之一，而花器作为自古至今居室中使用的器物之一，既是实用品也是装饰品，不同时期的花器可以反映出不同时代的精神追求与生活面貌。

图 6-32
造型多变的“篁丝陶塑”系列作品

6.3.2.2　形态塑造与材料重组

造型是一个概念，一种生活方式，一种有质量和时间跨度性质的特殊形式，外形、色彩、肌理、质感等这些物理特性加上生活方式，形成了人们对造物的新的理解。作者通过对造型的反复推敲研究，意图表达一种可以为现代社会普遍接受的具有审美趣味的生活特征。

中国传统造物设计原则讲求“物性相宜”，尊重材料自身的感觉，再赋予材质适当的造型，而不同材质之间的相互碰撞也会产生不同的生理和心理感受。“篁丝陶塑”有意识地打破了传统竹编以题材为核心的创作模式，将传统工艺造型从中剥离出来，把异类材质混合在一起，通过精湛的技术，使之产生了多重性的含义，造成一种基于材料的视觉冲击，相互衬托，相互平衡，达成一种创造性的关系，以求共生。

在“篁丝陶塑”系列作品中，花器造型多变（图 6-32），不同的曲线造型适合不同个体和空间的需求，充满趣味性。作品以竹与瓷这两种材质紧密结合，区别于传统的包裹式的结合方式，尝试竹编和瓷分别以自己独有的姿态求同存异，并以模块化的收口设计来实现竹编与瓷之间更多的具有共生性的形态塑造，相互协调，相互衬托，相互尊重并扩展成互通的可再创造的可能性关系，这也是一种给予与被给予的关系。因为两种材质都依靠艺人们的手工劳作，都保留着自然的痕迹，因此作品从整体上看还是表现出了自然优雅的情趣。

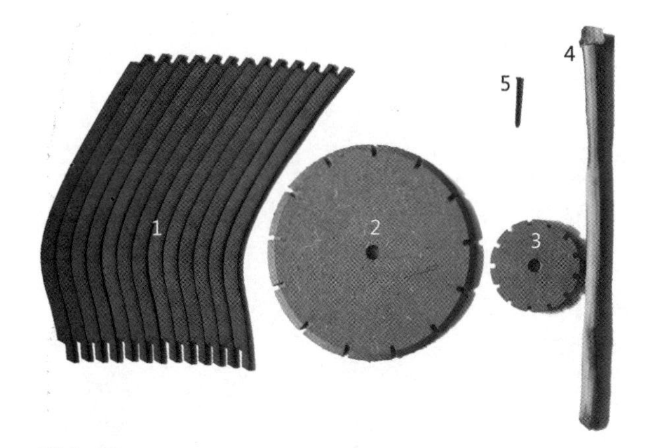

图 6–33
“篁丝陶塑”系列作品的活络模具之一

6.3.2.3　传统器物与模块解构

诸如花器等传统器物的设计与制作，使用模具是一个必然的过程，活络模具是手工艺人们智慧沉淀的精华，可以合理利用，但是要与时俱进，摒弃传统手工制作的复杂耗时的工序，利用现代科技，有意识地把传统和现代技术交织在一起，重新认识并解构器物的模具，通过模块化的设计提高生产效率和准确率，做到与时相宜。

根据花器系列产品的造型和结构，一个活络模具可分为五个模块部分（图 6–33）。插片、底盘和顶面部分使用激光雕刻和电脑精雕完成（图 6–33 中的 1、2、3），而竹销部分（图 6–33 中的 4）则是截取了竹材的节环结构作最后的固定。图 6–34 和图 6–35 分别是产品模块的组合过程及组合完成效果。“篁丝陶塑”系列作品共使用了 17 套活络模具。

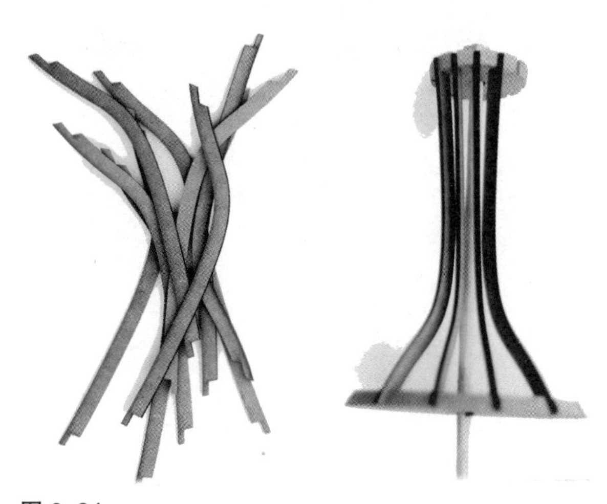
图 6–34
活络模具的组合过程

6.3.2.4　编织方式与功能匹配

李演同学经过对嵊州竹编的实地考察和深入学习，惊叹于竹丝篾片的精细程度和曲面编织的可操作性，创作的着眼点更倾向于细丝编织，因此准备的竹丝规格直径不足 0.1 厘米，对产品造型、竹材和手工艺人都有较高的要求。花器最终是集审

图 6–35
活络模具的组合完成效果

美与功能、装饰与实用于一体的器物，因此，在编织纹样的设计上、产品器型的研究上都应该从这两方面出发，力求矛盾关系的平衡，达到文质相宜。

根据花器的实际功能需要，在陶瓷部分的器型设计上都是以稳重为主，表面保留了制作过程中自然形成的肌理和痕迹，以表达回归自然的理想。竹编部分却倾向于审美的需求，但是纹样的不同也会影响花器的整体效果和稳定性，因此在纹样的设计上也是需要不断地调整和研究的。纹样根据总体效果大致可以分为两种，一是密编效果（图6–36），二是透编效果（图6–37）。由于编织方法的不同，密编比透编牢固性更好，比较适合曲线较复杂的造型，而透编则是更适合简单的造型，以突出镂空的美感和韵律感。

图 6–36
"篁丝陶塑"的密编效果实验

毋庸置疑，我们生存于一个全球化和设计化的空间中，当我们在享受它带给我们的美好感受时，却往往忽略了中国设计的主题，而我们回看日本、荷兰、意大利等国家的设计时，很容易从他们的作品中找到属于他们的本土文化。当然，我们近几年来也逐渐地意识到了这个问题，喊出了"民族的就是世界的"的口号，开始在国际舞台上通过自我的民族身份，用地域的民族符号，以传统的名义，意图获得一席之地。但是这些都只是停留在表层甚至过于强调自我，我们应该关注发源于本土社会内部的"土生土长"的文化自我演进过程，在这个研究过程中，再来回味和寻找适当的形式语言。若单纯地以"他者"的价值观来发展本土的设计，将会割裂自我的历史脉络，设计缺乏文化支撑，将会变得不堪一击。

图 6–37
"篁丝陶塑"的透编效果实验

【思考题】

1. 竹材的生长是怎样的？竹材有哪些特性？

2. 竹集成材的概念是什么？它有哪些分类？竹集成材的特性有哪些？

3. 你最喜欢的圆竹制品有哪些？试举一例，画出简图，并作详细的设计分析。

4. 你见过哪些竹集成材制品或者竹皮制品？试举一例，画出简图，并作详细的设计分析。

7

第七章　木作之源：联结真实的生活

【课程内容】

1. 小板凳、条凳和马扎的起源、发展、设计特点及生活应用；
2. 提盒、帖盒和梳妆盒的起源、发展、设计特点及生活应用；
3. 七巧板的起源、发展及设计特点；
4. 民间糕饼模子的起源、发展、设计特点及生活应用。

【学习目的】

通过对日常生活中木制品的观察与探究，思考木制品设计的目的、意义与美学价值。

木材或许是人类最早获取和驾驭的天然材料。它渗透进我们的生活，木屋、木舟、木家具、木车、木盆、木玩具……无处不在，并延续至今。人类与木材的感情深厚，后者不仅为我们的生活带来了便利，也慰藉了我们的心灵，让我们感到自然的温情。一块木头在变成一种材料之前，它曾经是一棵树，那也是一种生命存在的形式。或许，正因为如此，才让我们对它那么依恋。

正如在第一章“绪论”中所提的“上手的青春”，“像匠人一样劳作，像哲人一样思考”等，“材料与技术·木作”的根本在于平凡的生活。因为最富有生气的美就在日常生活中，与生活深深交融的美才会打动人心，所以，只有回到生活的环抱中去，才能还原木作的本来面目，充分发挥木作的内涵、魅力与价值。当然，生活是一个很大的命题，“衣、食、住、行、用、玩”无所不包，本文尝试通过一张木凳、一个木盒、一副木板、一个木模等四个案例的设计研究与实践，探索联结真实生活的木作之道。

7.1　随意的休憩：一张木凳

母亲有一张木凳，也算是年代久远，据母亲说，从她记事起这件小物便在家中了。木凳既小且轻，为座面凿四榫眼安足加横枨的经典样式，表面油漆斑驳，局部甚至有细微开裂的痕迹。至于材料，早已无考，母亲早年居住在浙东的一个小山村，只能凭此判断应是当地山区的常见树种，所谓柴木制也。

图 7–1　民间小板凳

木凳尺寸极小（图 7–1），座面长 24 厘米，宽 13 厘米，凳高 18 厘米。座面由一块独板制成，边抹素混面，下部压边线。足材外圆里方，起边线，四足有侧脚。两侧面均有直枨，各两根，上细下粗，也都造成外圆里方的样式。小木凳整体结构简洁，朴质无文，醇厚耐看。腿足与直枨上的边线装饰，彼此呼应，甚为和谐。它如同某些乐曲，虽在基调上加了几个装饰音，但骨骼俱在，丝毫没有减弱原有的淳朴风格。

这件小木凳简单实用，它并非堂中器物，只是居室中的日常用具，在民间也被俗称为小板凳。母亲与小板凳的感情很深，虽然在数次搬家中陆陆续续丢弃了一些家具，却唯独留下了这只小板凳。母亲说，过去到哪里她都愿意带上这只小板凳，轻巧方便，累了就歇一歇，接着再干。可以想象，在那些艰苦的岁月里，小板凳一直陪伴着母亲，从田间地头到锅头灶台，从炎热酷暑到冰雪寒冬。如今日子过得好起来了，每每看到它，还是让人生出无数回忆与感慨。

小板凳如果变得大一些，就成了条凳。无论是小板凳还是条凳，其历史均由来已久，在《清明上河图》中，我们能看到许多这样的民间家具。《清明上河图》是北宋画家张择端描绘汴京的一幅极富传奇性的风俗画。在这幅画作中出现了大量的家具，因为描绘人们的生活不可能不涉及家具。由于它们大多被放置在沿街的店铺中供人使用，所以在制作上朴实无华，以满足实用功能为主，这完全符合市井生活。《清明上河图》中有许多大条凳、小条凳（图 7–2），其结构方式与现如今条凳的结构几乎一致，用材比较厚大，风格与桌子很协调，形式上为四足，两侧的足间有枨。其中，在名为“正店”的店铺门口有一张简易桌（图 7–3），小贩将一块木板放在平行分开放置的两张条凳上面，形成了一张摆放货物的“桌子”。这样的桌子拆卸、运输极为方便，这

图 7–2（左）
《清明上河图》局部一
图 7–3（右）
《清明上河图》局部二

图 7-4
《清明上河图》局部三

是当时的人们从实际使用出发而萌生的一种便捷“设计”。实际上，这种利用条凳的方式至今仍然存在，今天在许多乡村的集市上仍然可以看到这种简易桌。

除了由条凳制成的简易桌，《清明上河图》中还描绘了一件木匠刨木头用的条凳（图 7-4）。在一个反映修车铺的场景中，一人用锤子敲打着放在地面上的车轮，另一个人正坐在条凳上使劲地刨木条。条凳低矮粗壮，在上面刨木条肯定是平稳的。有趣的是，这个木匠刨木条的架势和今天仍用传统手艺做活的木匠一模一样，可见这种基于实用性的条凳具有十分长久的生命力。

除了小板凳和条凳，还有一种小型坐具在民间也大受欢迎，那就是马扎。马扎的大名为交杌，即腿足相交的杌凳，也就是古代所谓的胡床。胡床原是游牧民族用具，约在东汉时由西北的少数民族传至中土。马扎一般用柴木制成，最简单的只用八根直材构成，杌面穿绳索、布带或者皮条。由于它可以折叠，在携带、存放上都比较方便，所以千百年来被人们广泛使用着，并一直保持着这种基本形式。

尤其是小型的交杌（小马扎），更是居家常备。隔壁邻居的爷爷就有这样一个小马扎（图 7-5），朴素至极，夏日常见老人一手摇着蒲扇、一只胳膊夹着马扎出门去乘凉，那份悠闲自在真是让人羡慕不已。邻居爷爷是山东人，这件小马扎是用当地常见的槐木制成的。马扎的腿足共四根，两两相交，断面呈方形。座面及足下的横材共四根，其断面呈扇形（图 7-6），即四分之一个圆形，这是特意留料不削，一来省工省料，二来也可增加坚实。座面横材的外侧均开槽并分置 11 个圆孔，以供穿绑布带，布带亦在此打结收尾（图 7-7）。在使用过程中，如果布带磨损断裂，可以及时更换。这件马扎是老人从家乡附近的集市上

图 7-5（左）
民间马扎之一
图 7-6（中）
民间马扎之二
图 7-7（右）
民间马扎之三

购置的，廉价耐用，原本无漆的座面如今却磨出光泽，可见它与老人相伴已久。

家中原也有两个小马扎，八根圆圆的木棍，上面绷着一种绿色的厚帆布带。凡是学校在操场上开大会，要求孩子们自带小凳子，十有八九的孩子都会拎着小马扎出现。更妙的是，夏天在广场上看露天电影，早早吃过晚饭就拎着小马扎去占位子。广场上放满了各式各样大大小小的马扎，那场景蔚为壮观。如今，各种材料和用途的折叠凳应运而生，但小马扎依然以它的小巧实用广受人们的喜爱。

小小马扎为什么有如此长久的生命力呢？第一个因素应归于其实用为本的特质。民间工匠所制作的器物必定是为一般民众所使用，这是民众性的器物，传统匠人在对某种器物的重复制作中，对器物的本质不断进行思考，运用简朴的制作技巧反复生产大量的实用之物，制作出的物品必然经历了千锤百炼的推敲，自然而然地成了最简化的实用之物。[①] 马扎的功能结构，都是以实用为第一目的而制成的最简约的形态。其次，它体现了朴素的功能美学。“实用皆美”，百姓日用之物不会去追求过分的装饰。正如柳宗悦所言：“所有的美都产生于服务之心。”作为日常用具，必须具有稳定简朴的造型，以便发挥其本身功能与达到经久耐用的标准。典型马扎的八根直木造型就具有这种朴素的功能美学。

以上这种实用为本的思想和朴素的功能美学在儿童坐具中也发挥得淋漓尽致。民间的儿童坐具种类繁多，名称、形制各异，但无论它被称作什么，其实用性总是摆在第一位的。

图 7-8　坐车

民间的儿童坐具有一些共同的特点，例如在整体结构设计上底盘较大、重心偏低，即使孩子在座具中有轻微的摇晃动作，也可以保证坐具的平稳性。江苏无锡地区有一种带轮子的儿童坐具称为坐车（图7-8），其造型跟南方常用的木质澡盆有些相似，但是结构略有不同。坐车为狭长形，孩子靠一端坐，这样可为腿部留有足够的活动空间。坐车在上部设计有可抽拉的挡板，将挡板拉出，空间变大，便于孩子出入。将孩子放入坐车后，将挡板推回，起到固定作用。挡板可轻松拆卸，使用起来十分方便。

同时，儿童坐具的实用性还体现在设计的多样性和舒适性上，父母可以根据孩子的年龄来选择适合的儿童坐具。年龄小的孩子可以使用坐车，而年龄

---

①（日）柳宗悦．工艺之道．徐艺乙译．南宁：广西师范大学出版社，2011．

图 7-9（左）
立桶
图 7-10（右）
立桶局部

大一些、可以站立的孩子就可以使用立桶（图 7-9）。立桶主要适合于刚学步的儿童使用，有方圆两种，以木制为主，高度一般在 70 ~ 85 厘米之间。立桶的内部结构一般为两层（图 7-10），中间以木板相隔，隔板可以根据儿童身高上下调节。冬季，镂空的隔板下面还可以放火盆为儿童取暖，真是周到备至。

这些民间儿童坐具中的优秀之作无不体现出强烈的实用性特征，这种实用性是从使用者的角度出发，是在对儿童行为特点的观察、对儿童特殊心理的关注的基础上得出的。

小板凳、条凳、马扎、坐车、立桶等都是非常朴素的民间家具，和大名鼎鼎的明式家具比起来，它们称不上精雅，但其以实用为基础，结构简单明了，用材素朴，廉价耐用。这不是错金镂彩之美，亦非出水芙蓉之美，或许可以称之为大巧若拙之美，这种美是无名的、大众的、实用的。小板凳、条凳和马扎是随意的坐具，你无需正襟危坐，只需好整以暇，享受随性率真的小憩。然而，这种功能却不能只从便利的一面来看，便利只不过是“用”的一部分，这里所指的还有使用的感觉。“用”是体，而“用”之本则还是“用”。虽然使用只限于物质的方面，而不能看到生活的各个层面，但生活却是物与心的交融。“用”是对物的使用，也是对“心”的使用。这两个方面的性质兼而有之时，功能就能充分地发挥作用。①

7.2　实用的收纳：一个木盒

盒子是一种奇妙的东西，当你面对它时，总有一种想打开它看个究竟的欲望。盒子的历史久远，每个人的生活里都离不开盒子，各式各样的材料，大大小小的形式，装着林林总总的杂物。

①（日）柳宗悦．工艺文化．徐艺乙译．南宁：广西师范大学出版社，2011.

7.2.1 过去的那些盒子：提盒、贴盒及梳妆盒

王世襄先生在《明式家具研究》一书中介绍了“提盒”，那是一种分层而且有提梁的长方形箱盒。从文献和图画资料来看，这东西颇有些历史，估计在宋代就已经很流行了，主要用来盛放酒食，出行方便。提盒尺寸有大有小，大的需要两个人抬，所以就称为“杠箱”了。小尺寸的用起来灵活方便，一个人可以肩挑或者手提。在《金瓶梅词话》的插图中（图 7–11），曾绘有一人肩头扛着重物，一手拎着提盒作奔跑状，看来这便是提盒在那个时代颇为流行的写照了。

图 7–11
《金瓶梅词话》的插图

除了市井之用，提盒还是古代文人出游时的一种重要游具。“架言出游，日夕忘归”。自先秦至明清，到自然中去散放怀抱一直是文人生活中要做的重要事情，也是维系他们诗意人生的最重要形式之一。[①] 宋画《春游晚归图》（图 7–12）所描绘的场景便是这种出游生活的缩影。既然要出游，自然需要准备各种道具，提盒便是其中之一。在宋代，文人出游时对游具还不那么讲究，可是到了明朝中后期，文人对游具的要求越来越高，甚至自己动手设计起来。例如明代的屠隆在其所著的《考槃余事》中对自己设计的提盒这样描述道：“高总一尺八寸，长一尺二寸，入深一尺，式如小厨，为外体也。下留空，方四寸二分，以板闸住，作一小仓，内装酒杯六，酒壶一，箸子六，劝杯二。空作六合，如方合底，每格高一寸九分。以四格，每格装碟六枚，置果肴供酒觞。又二格，每格装四大碟，置鲑菜供馔筋。外总一门，装卸即可关锁。远宜提，甚轻便，足以供六宾之需。”[②] 这种提盒设计的巧思不仅表现在每格里面空间划分清晰明了，食物分门别类地置放，而且每格可以单独取出来，连格带菜肴一起摆在铺席的地面上，既干净卫生，又整齐美观。屠隆所设计的提盒，以现代的观点看，可谓是功能明确，节省空间，方便提运，而且整体大方。这样的提盒看似朴实无华，其实每一细小处都倾注了他们的良苦用心，说到底这与文人对游赏这一活动的精神期待有关。

图 7–12
《春游晚归图》

图 7–13
黄花梨素提盒

提盒并不都是用木材制成，竹制品也有不少。为了便于出行，大、中型的提盒多用质地较轻的木材制成，只有小型的才用珍贵的木材，诸如紫檀或者黄花梨来制造，考究的还用百宝嵌或雕漆制成。当然，这时候的提盒就不再装食物了，而是储藏玉石印章或者小件文玩。如图 7–13 所示，这件素提盒选用黄花梨制成，长、宽、高分别为 36 厘米、20 厘米、21.3 厘米。提盒用长方框做成底座，两侧有立

① 邱春林．设计与文化．重庆：重庆大学出版社，2009．
② 长物志·考槃余事．陈剑点校．浙江出版联合集团，浙江人民美术出版社，2011．

柱，立柱有站牙抵夹，上方是横梁，构件相交处均用铜叶镶嵌加固。盒子共两撞，连同盒盖有三层，下层盒底落在底座槽内。每一层沿口均起线脚，意图是加厚子口。盒盖两侧立墙正中打孔，立柱与此孔相对应的位置也打孔，用铜条一并贯穿，以便把盒盖牢牢地固定在两根立柱之间。铜条的一端还有孔，可以加锁。试设想，下层盒底落入底座，每一层均有子口衔扣，盒盖再用铜条贯穿，整个提盒就没有错落脱位的顾虑了。

再说传统婚姻中所用的帖盒。“十里红妆”是浙江东部宁绍地区旧时的社会文化风俗，是指清代至民国时期浙江东部地区富家大户嫁女以及发嫁妆的场面。在十里不同俗的江南地区，有着不同的结婚礼俗，但婚姻六礼是传承不变的基本要求。旧时婚姻，皆由父母做主，媒妁说合，讲求门当户对。一般由男方托媒，经女方同意才可下聘定亲，俗称“递恳帖”。男方提前一年将迎娶吉日红帖由媒人送至女方家中，称“送日子”。一般用一个精致的小木盒——帖盒，底层放两块银圆，将迎娶吉日红帖放在盒内，表示尊重。帖盒来往于男女两家，是六礼的重要见证，其中体现出了礼仪交往的功能。从外观上看，帖盒小巧，便于携带，一般两面都是正面，两面都有装饰，不同于其他箱类有底和面之分。有的帖盒用牛皮制作，压刻精美图案，显示丰厚的家底，从而让女方见到帖盒后顿生敬意，以求联姻。如图 7-14 所示，这是一件民国罩漆彩绘人物纹帖盒，长 30 厘米，宽 16 厘米，高 4.5 厘米，器身通体髹朱红漆，盒子正反两面开光罩漆描金绘人物故事，对莲铜合页，折枝桃铜扣装饰，盒内红棕色。又如图 7-15 所示，此为一件民国宁波花梨木嵌骨木帖盒，长 31.2 厘米，宽 16.9 厘米，高 6.4 厘米，呈长方

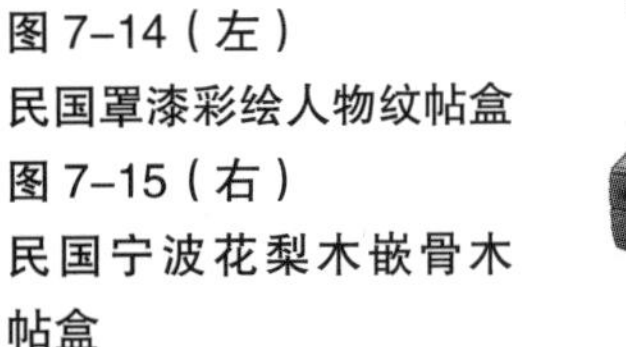

图 7-14（左）
民国罩漆彩绘人物纹帖盒
图 7-15（右）
民国宁波花梨木嵌骨木帖盒

形，盒面与四周用牛骨镶嵌成人物、花鸟、飞禽等纹饰。盒盖用太极阴阳鱼图案的锁，锁上各铭“房”、“贞”一字。盒内髹朱漆，盖上书“安宁堂朱”。从“房”、“贞”阴阳锁来分析，此帖盒应该是朱姓人家为婚礼往来特制的一件，希望女子守贞守节。

旧时婚姻中使用的帖盒，看似小巧简单，其背后却折射出我国传统造物设计中与礼相宜的原则。中国古代是一个礼制昌隆的大国，虽也曾经有过所谓“礼崩乐坏”的时期，但总体而言还是一个礼制绵延的文化。据《礼记・礼器》记载：“礼也者，合于天时，设于地财，顺于鬼神，合于人心，理万物者也。”礼不仅沟通神人，还规范所有人的行为。正是因为礼是处理天上人间的最高法则，所以人间的造物设计也必须合乎礼俗、礼义。婚姻是一种非常重要的仪式性礼俗，根据当时的婚姻制度，经过六礼明媒正娶的才是妻子。所谓的六礼，即纳采、问名、纳吉、纳征、请期、迎亲，这样的步骤如同司法程序，一步一步实施，直至完婚。男女婚姻大事依父母之命、媒妁之言，不但男女青年不能“私定终身”，就连双方家庭也不能“私结良缘”，婚姻六礼的一套礼节都要由媒人两头传达。来往于男女两家的帖盒，扁而小巧，便于媒人携带，帖盒上面多彩绘和合二仙，雕刻福禄寿喜等吉祥纹样，祝愿男女平安和合，幸福美满。帖盒不仅是专门盛放六礼信物的器具，也是传统礼俗很好的见证。

梳妆盒自古有之，不过原先它不叫梳妆盒，而被称为“妆奁”。妆奁是古人盛放梳妆用品的器具，最迟在战国时期就已经产生并流行开来，一直延续到明清时期，历史十分悠久。“奁”字最早见于《说文解字・竹部》：“簸，镜簸也。从竹，敛声。”从字形来分析，早期的奁可能是竹制品。因为奁中经常放有铜镜，所以奁也被称为“镜奁”或“竟检”。

妆奁中有一种多子盒，极为有趣，当然它正式的名称是“多子奁”。多子奁在西汉时就已经非常流行，其外观造型新颖，精美华丽，器身上一般有多种装饰工艺；内部设计紧凑，浑然一体。子奁既可以存放在母奁中，也可以拿出来单独成器。一个大的母奁内部存有多个子奁，寓意着子孙昌盛，符合农业社会古人的心理需求。妆奁主人的身份及化妆的复杂程度，决定了子奁数量的多寡。子奁的数量一般为奇数，常见的为三子奁、五子奁、七子奁、九子奁等。如图 7-16 所示，这是一件西汉时期的双层九子漆奁，高 20.8 厘米，直径 35.2 厘米，器身分上下两层，连同器盖共三部分。其中，下层底板厚 5 厘米，凿凹槽 9 个，槽内放

图 7-16
西汉时期的双层九子漆奁

置 9 个小奁，内放化妆品、胭脂、丝绵粉扑、梳、篦、针衣等。这件多子奁非常注重器物本身的结构与其功能的完美结合，虽然外观造型简单，但双层设计比其他单层漆奁的空间扩大，并将上下两层设计为不同的用途，体现出了设计者的巧思，而小奁的设计不仅可以使不同物件分类摆放，而且使整个器物变化多样。

多子奁在西汉时的流行有很多因素，例如漆器工艺的发展、人们对子嗣昌荣的渴望等，而当时女性化妆品、梳妆用具的日渐增多也是其中重要的原因。汉时，女性以粉白、黛黑、朱唇为美，《淮南子》中就有“漆不厌黑，粉不厌白”的记载。女性妆粉除了米粉外，又多了一种铅粉。张骞通西域后，“胭脂”从匈奴传入了汉地。随着化妆品和化妆工具的日益增多，妆奁的容积也需要随之增大。妆奁内一般需要存放铜镜、镜衣、梳篦、胭脂、唇脂、白粉、眉黛、油彩、假发、镜刷、镊子、小刀、粉扑、香料、印章以及一些珍贵的小物品。其中，化妆品质地有粉状、块状及油状，这些物品不能混合在一起，需要子奁这种小型容器来分别存放各种质地的化妆品。子奁也因存放器物的不同而被设计成多种形状，圆形、椭圆形的多用来盛放脂粉，长方形的盛放簪钗，马蹄形的盛放梳篦，上面则置铜镜，这样既有利于存放各种形状的物品，也有利于节省空间。

无论提盒、帖盒，还是梳妆盒（妆奁），它们都是一些实用且有趣的设计。这些盒子不仅有收纳之用，也反映出了不同人群的不同需求。需求并不是人类特有的东西，但不同于动物的本能需求，人类的需求是自己创造出来的。人类越发展，社会越复杂，需求越多样，造物设计也越丰富。重视婚姻礼俗需要帖盒，方便出游生活需要提盒，整理妆容需要梳妆盒，正是为了满足多样性的需求，盒子才呈现出纷繁芜杂的面貌。同为生活用具，文人的提盒崇尚闲适雅致，媒人的帖盒庄重喜庆，贵族的梳妆盒精美华丽，不同品类的盒子也反映出使用者身份、背景的差异。在这里，盒子的设计为了满足不同群体的相同需求（收纳的需求）所采取的方式、形式、手段、风格皆不同，丰富多彩的种类、形制、样式、风格都是为了细分的群体需求。因人而异，正是在此意义上，设计才能在最深程度上影响个体。

7.2.2 我们的盒子：集体宿舍里的储物盒

在大学生的集体宿舍，虽然空间逼仄得让人透不过气来，但对自己那个窠，还是充满了感情，那里有大学时代的琐碎生活和室友间真挚的情谊，每到毕业季，便难分难舍。我们以此为题，希望同学们用自己的聪明才智，在螺蛳壳里做道场，为自己的生活空间设计一个小小的储物盒，解决物品收纳中的一些小问题。

作业要求学生应自备材料制作一个储物盒，储物盒可放置于卧室空间、盥洗室或是门厅。其中，主框架的尺寸为 300 毫米 ×300 毫米 ×60 毫米。材料选择为九厘板，其框架连接方式为二插片（止榫），上胶。主框架背板为三聚氰胺贴面薄板，与主框架结合应采用嵌板结构。背板表面装饰不限，背板距框架外延为 5 毫米，背板厚度为 3 毫米。其余框架内的储物功能可根据所处空间的储物需求而自行设计。最终应完成装配，表面不需涂饰，不允许用钉。同时，学生须绘制 A3 加工图纸一套，应包含储物盒的完整三视图以及轴测图（合拢和拆分状态分别各一张）。

接下来与读者一起分享学生的设计作品（表 7–1）。

学生作品——集体宿舍里的储物盒　　　　表7–1

序号	图例	说明
1		储物盒可以放置在卧室、门厅或盥洗室。储物盒分为上下两部分：上部盒盖是一扇小门，向下旋转其中的搁物架以置平，后板为镜面；下部中空也可置物，盒盖是可以翻转的木板，其上有圆孔及挂钩等。构思巧妙，新颖实用
2		储物盒放置于盥洗室，有两面镜子，其一在小门的正面，其二是抽屉脸，柜子底部有一横杆可挂毛巾
3		储物盒放置于盥洗室，可以放置牙刷（搁板上有给牙刷留出的空位）、毛巾（底部有横杆）、卷纸等生活用品

续表

序号	图例	说明
4	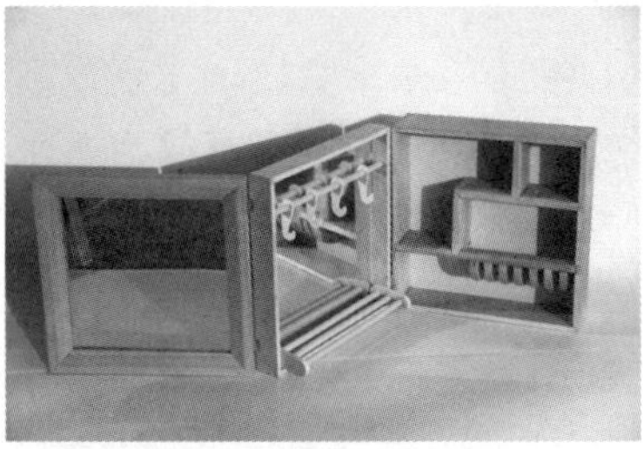	储物盒可以放置在卧室、门厅或盥洗室。储物盒分为三部分：最前面是一面镜子；中间部分除设置镜子外，还有横杆与挂钩；最后面的部分用搁板细腻地划分了储物空间
5		储物盒可以放置在卧室、门厅或盥洗室。结构上采用了贯通榫和暗榫的连接方式。门采用了对角开合的方式，具有整体感
6		储物盒放置于盥洗室，它有两种打开方式：第一种是直接翻开盖面，较为方便；第二种是拉下把手，同时盖面向下翻成为一个新的横板，可放置物品，扩大了置物容量
7		储物盒放置于盥洗室，右侧为可以翻折的木板框架，结合宿舍里的特殊空间，可有效增加多种功能
8		储物盒可以放置在卧室、门厅或盥洗室。内部空间划分细腻，门采用了直棂的形式，通过使用挂钩等附加件可以增加一定的置物功能

7.3 简单的快乐：一副木板

图 7–17 七巧板

被李约瑟称为东方最古老的消遣品之一的七巧板，是我国妇孺皆知的传统益智玩具，相传已有数千年的历史，在娱乐之余又有开发智力、锻炼耐力的教化功能。如图 7–17 所示，一副标准的七巧板由一个正方形、五个三角形和一个平行四边形组成，材料不限，但以木板居多。虽然只有简简单单的七块小木板，却可以摆出千姿百态的男女老幼、飞禽走兽、鱼鸟花虫、山水草木、楼台亭阁，令人回味无穷。这摆在一个正方形里的寥寥七块板，其组合就能有如此多种的变化，实在令人感到神奇。

是谁发明了七巧板呢？在《中国大百科全书》中对七巧板有这样的介绍："七巧板由宋代的燕（宴）几图演变而来。黄伯思撰《燕几图》。明代严澄著《蝶几图》将方形案几改为三角形，用 13 张三角形的案几合为蝶翅形，称为蝶翅几，也可拼出各种图形。清初始有七巧板。嘉庆（1796 ~ 1820 年）养拙居士著《七巧图》刊行，使之流传。"古时"燕"、"宴"相通，因此所谓"燕几"也就是"宴几"，即宴请宾客的案几。黄伯思是北宋邵武（今属福建省）人，在当时是名气不小的文人和大书法家。他首先设计了由六件长方形案几组成的"燕几"，六件案几可分开可拼合，自称"纵横离合变态无穷"。宴会宾客时，视人数多寡和菜肴丰约而设几，因以六为度故名"骰子桌"。宴席之余又可以陈设古玩、书籍，被誉为"无施而不宜"的器具。黄伯思的朋友耒阳人宣谷卿见到"骰子桌"之后十分喜爱，并为之增设了一件小几，以便增加变化，因此改名为"七星"。黄伯思最后编定《燕几图》刊行，如图 7–18 所示。

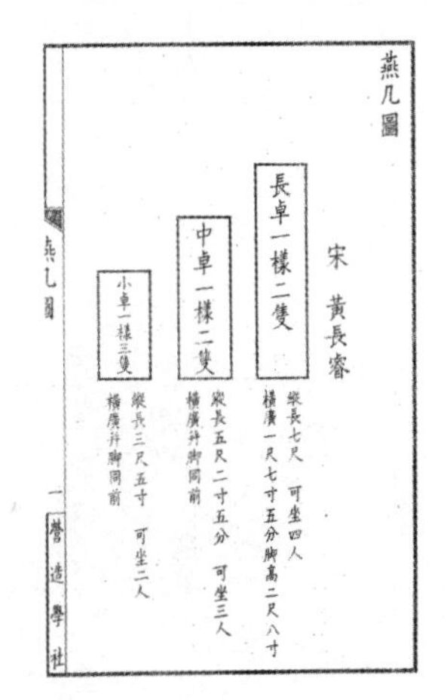

燕几圖

宋 黄長睿

長卓一樣二隻 縱長七尺 可坐四人 横廣一尺七寸五分 脚高二尺八寸

中卓一樣二隻 縱長五尺二寸五分 可坐三人 横廣幷脚同前

小卓一樣三隻 縱長三尺五寸 可坐二人 横廣幷脚同前

燕几圖 一 營造學社

图 7–18

《燕几图》首页

黄伯思在《燕几图》中首先明确了燕几的形制，七件案几均为长方形，包括：长 7 尺、宽 1.75 尺的大桌两件；长 5.25 尺、宽 1.75 尺的中桌两件；长 3.5 尺、宽 1.75 尺的小桌三件；总计 7 件，每件高 2.8 尺。由此可见，大、中、小三种尺寸的案几在尺寸间有这样的关系：①每件案几的宽度都是 1.75 尺，而这个尺寸正是大桌子长度的 1/4；②大桌子的长度减去宽度正好是中桌子的长度；③中桌子的长度减去宽度正好是小桌子的长度；④小桌子长度正好是大桌子长度的 1/2。由于这种尺寸关系，利用这些案几就可以排列组合出许多不同的形式来。黄伯思将其分为 20 类（他称之为"体"）40 种（他称之为"名"），并"因体定名，因名取义"，详细地记录于《燕几图》一书中。例如第八体第三种被他命名为"瑶池"，如图 7–19 所示，实际上是使用两件大桌和两件中桌围成的一个正方形。黄伯思写道："虚中以顿烛台、香几，冬以顿炉，赏花以顿饼斛。"意思是说，中间空出来的地方可以放置烛

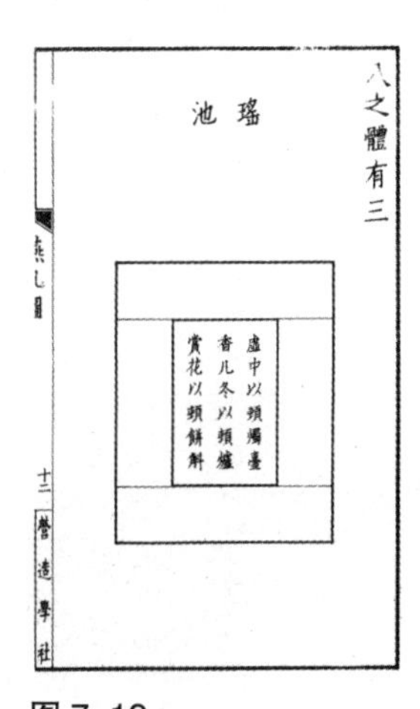

八之體有三

瑤池

虛中以頓燭臺香几冬以頓爐賞花以頓餅斛

燕几圖 十三 營造學社

图 7–19

《燕几图》形制之一：瑶池

台、香几，冬天可以放置火炉，赏花的时候可以放置盛饼的器具。设计得如此优雅精致，难怪要称之为瑶池了。在这本书里，还有许多命名，都很有诗意，例如七件案几拼合在一起的各种长方形称为“三函”、“屏山”、“回文”等，六件案几拼合在一起的被称为“磬矩”、“千斯”、“一厨”、“多云”等；五件案几拼合在一起的被称为“扬旗”、“小万”、“垂箔”等。凡此种种，无不体现了作者的智慧和匠心，在考虑使用价值的同时又兼顾了审美意趣，真乃妙哉！

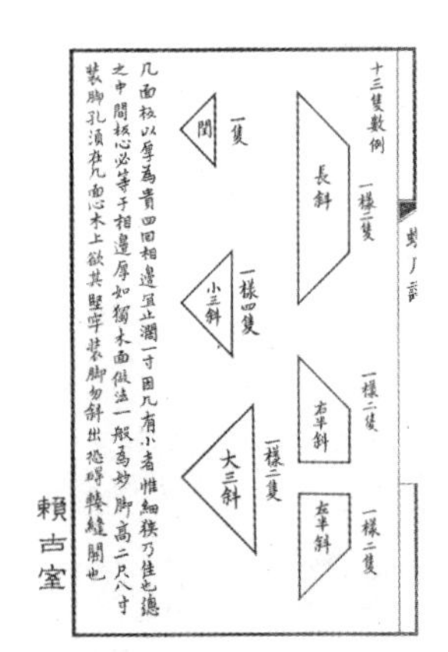

图 7–20
蝶翅几的配置

黄伯思的燕几只用到了长方形，虽然变化多端，但仍然有限。至明代，严澄根据《燕几图》的原理设计了“蝶翅几”（图 7–20），这种“蝶翅几”仍然用于宴请宾客，但是它抛弃了长方形的形态，而采用各种梯形和三角形，每套多至 13 件，合起来呈蝶翅形，分开后可拼排各种图形百余种。蝶翅几不仅能拼成正方形、长方形、八边形，还可以拼成菱形、马蹄形、“S”形以及其他各种复杂的形状。其中有些有名，如单单一只长斜几名为“新月”，五只可以拼成“轻燕”、“双鱼”（图 7–21），十二只可以拼成“桐叶”等。蝶翅几虽然是严澄发明的，但流传于世的《蝶几谱》却是明人戈汕在 1617 年编著的，其中有山、亭、磬、鼎、瓶、叶、花卉、席幔、飞鸿、蝴蝶等图形 100 多幅，后世多认为《蝶几谱》较《燕几图》更加巧妙。

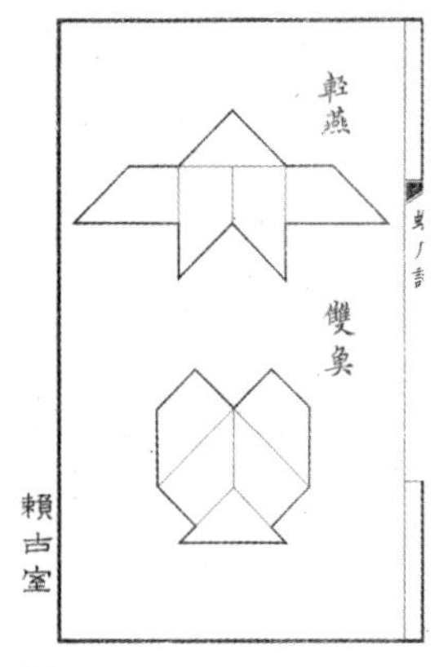

图 7–21
《蝶翅几》形制之一：轻燕与双鱼

七巧板正是在《燕几图》和《蝶几谱》的基础上发展而来的，但是它不再是宴请宾客的案几，而是一种益智玩具了。据考证，清代初年已出现了拼板玩具，嘉庆年间有养拙居士著成《七巧图》一书刊行，并有《补遗》继之于后，七巧板遂流传开来。不过，七巧板出现之初是专供达官贵人消遣用的，例如清代出生的著名民俗画画家吴友如曾经画过一幅《天然巧合》，其中玩七巧板的显然也是富贵人家的妇女。当然，随着时代的变迁，七巧板早已成为老少咸宜的民间玩具了，而且传到西方，引起许多研究者的注意。七巧板也被称为“唐图”（Tangram），意思就是“中国的图板”。

七巧板的七个组件之间存在着极为严整的规律，每块组件的边长都与整体保持着紧密的关系。假设其中正方形的边长为 1，那么七巧板中任何一块组件的任何一个边长只可能是以下四种情况之一，即 1、2、$\sqrt{2}$、$2\sqrt{2}$；而且任何一块组件的内角都是 45° 的整倍数。正是这些奥秘成就了七巧板的引人入胜之处。用七巧板排出的图形均具有夸张、概括的艺术特征，图形简洁、生动，趣味性强、装饰性强，玩者都希望用七巧板排出最新的图形，这也是七巧板作为玩具而存在的最主要的活动内容。除了拼图本身的乐趣外，人们还发明了以七巧板为戏具的游戏比赛，例如图形变化比赛、边数增加或者减少的移动游戏、滑动七巧板等，这无疑增加了玩者面对面的交流。

图 7-22
用七巧板所拼成的人物造型

“体物肖形，随手变幻”[①] 是七巧板流行的主要原因之一，也是其吸引人之处。它通过简单的组件进行拼合可以形成各种不同的图案，据说有 1600 种之多。其中人物就有多达 108 种（图 7-22），被称为“七巧板 108 将图”，这的确是转移之妙，层出不穷。这种游戏的乐趣完全来自于人类的想象力，想象力越为丰富的人，更能在组件的移动之间体会这其中的乐趣了。七巧板流行的另一个原因恐怕就是取材简单、制作容易。一般情况下，可用木板制作，既价廉也可以长久使用。如果连木板都不可得，那么只要一块硬纸板、一把剪刀也可以做一幅七巧板。一言以蔽之，简单却变幻无穷，这就是七巧板的宝贵之处。

在这个重视现实和未来的年代，人类已从工业化步入了信息化，电脑游戏、电子玩具使儿童和成人获得了极大的乐趣和刺激，可是七巧板并没有消失。纵观七巧板的历史，在它还是“燕几”的状态时，其创作者从生活需要出发，既不受官方权威的约束，也不受商品性的需求所制约，无拘无束地表达了自己对生活的热爱与赞美，对亲朋的爱心与情感，对自然的祈求与憧憬；在它最终成为“七巧板”时，这七块小木板既不炫耀技巧，也不矫揉造作，有着近乎天然的“美态”，保持了艺术的本源，更富生活活力，具备了打动人心的本真意趣。看似简单的一件玩具，却集中了几代人的智慧，包含了上百年的文化积淀，它永远让我们感到一种简单的快乐。

7.4 记忆中的味道：一个木模

笔者的童年是在奶奶家度过的。在那个物资匮乏的年代，年节是孩子们最期待的事情。因为这时候不仅会有很多热闹可瞧，更重要的

① （清）陆以湉．冷庐杂识．崔凡芝点校．北京：中华书局，1984.

是会得到一些美味的吃食，那可是平时吃不到的。奶奶家在苏南，清明节时家家户户都会制作一种叫做“蒿蒿茧”的节令食品。蒿蒿茧又称清明果、蒿蒿粑，它是当地人用来祭祖的，每年清明前做，按照传统只做一次。

在当年，制作蒿蒿茧可是奶奶家过清明节的一件大事。蒿蒿茧的做法可以说是简单而富艺术性，把带有清香味的蒿蒿采回来后洗净，将其在开水锅里煮烂变成了一锅深绿色透着浓浓清香味的和面水，然后将这一锅水连着煮烂的那些蒿蒿茎叶一起和在糯米面里用手使劲揉，直到蒿蒿完全不见踪影，和米粉融为一体，整个面团就变成了绿色，粉绿透亮。馅做得是否好吃也很重要，奶奶常做的有秧草、青菜、芝麻、豆沙，其中回味最深的就是秧草猪肉馅的了。清明时节正是秧草长得最为肥硕的时候，秧草的碧绿色泽、清香气息和蒿蒿的独特味道融为一体，真是美极了。

做蒿蒿茧的时候先将米粉团包好馅做成圆子，这时候，奶奶会从柜子里拿出一个有圆形刻花的木模子，将包好的圆子放入模子中，用手轻轻压平，直到完全和模子融合，然后在桌子上轻轻一磕，一个外形似月饼的蒿蒿茧就诞生了，其中有一面会印上漂亮的花纹。上锅蒸好后的蒿蒿茧是绿色的，像馅饼一样的东西，没有印花的那一面会垫着一小片竹套，一方面可防止粘锅，另一方面，竹套的香味会渗透到点心里面，一举两得。小小的点心看上去更像一件精美的小器物，吃在嘴里更是清香滑糯。如今奶奶去世已有多年，老人家做的蒿蒿茧自然是再也吃不到了，清明时只能在超市或点心店买些青团尝尝，可总也不是以前的那个味道。蒿蒿茧不仅是一个简单好吃的点心，也是对春天美好追忆的最温馨的片断，它融合了对先人的怀念、对家乡的思念、对童年的回忆、对祖母的感恩。

留在记忆里的除了蒿蒿茧的清香与美味，还有那个精美的木模子。奶奶家的木模子是桃木所制，也不知用了几代人。其上部是长方形，有两个圆形带有圆弧状花边的凹坑，坑底雕着精美的花纹，只依稀记得中间是一朵大些的、有着多重花瓣的花，外围是一圈略带几何形的纹样。木模子的下部是一个方圆形手柄，用起来很是轻巧方便，只需握住手柄在面板上轻轻一磕，即可取出扣在模子里的小饼。现在终于知道这木模子其实大有讲究，在中国传统社会中，糕饼往往是采用雕花的饼模印制再经烘烤或蒸制而成。这些赋予了糕饼各种美丽造型和丰富装饰纹样的饼模，不仅是制作糕饼的工具，也是承载着祝福、庆贺等美好愿望的民间艺术品。其精细的雕刻、丰富的纹样折射出了中国传统文化的深厚内涵。

糕饼在我国可谓历史悠久，经历了一个从简单到复杂的过程。在宋代，由于商品经济的发展，市井饮食文化非常发达，糕饼种类繁多。据《武林旧事》记载，当时的“糕”就有糖糕、蜜糕、粟糕、麦糕、豆糕、花糕、糍糕、雪糕、小甑糕、蒸糖糕、生糖糕、蜂糖糕、线糕、闲吹糕、乾糕、乳糕、社糕、重阳糕等，而“蒸作从食”又包括子母蠒、春蠒、大包子、荷叶饼、芙蓉饼、寿带龟、子母龟、仙桃、乳饼、菜饼、月饼、秤锤蒸饼、睡蒸饼、烧饼、金花饼、春饼、胡饼、韭饼等。① 随着糕饼花色品种增多并趋向复杂，在制作商业化的推进下，人们需要改变糕饼制作方式、提高制作效率，由此产生了可重复使用、快速便捷地制作糕饼的模子，以代替纯手工制作。

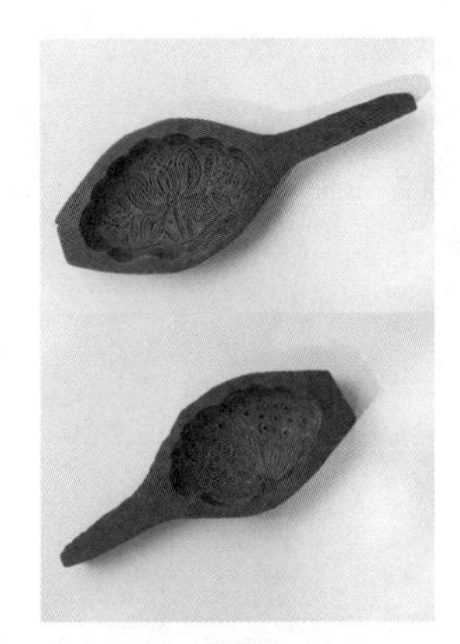

图 7–23　糕饼木模

糕饼模又称饼印、糕模、磕子（图 7–23），多为木制，且以坚实耐用的果木居多。这些木材质地坚硬、木纹细腻、雕刻方便不易破裂，且十分耐用。一般来说，糕饼模直径在三四寸左右，小的一般 1 寸，大的则达 1.5 ~ 2 尺，形状多为圆形，也有方形、椭圆形、莲花形、桃形等。糕饼模既是生产工具，同时也是雕刻艺术品，它不仅图案丰富、布局合理、主题鲜明，而且雕刻精细，线条优美。糕饼模的制作工序一般分为五道：一是选择板面光滑、纹路细、质地硬的木材，并依据糕饼大小、厚度裁锯模板，钻出相应的圆孔或方孔；二是用雕刻刀将孔凿刻得平坦光滑；三是打边花开“牙”，使饼模的外环产生规则性形状的花边图案，从而使糕饼显得图案规整而雅致；四是打气眼，即凿饼模的排气孔；五是在模底雕刻花纹，雕刻糕饼模的基本要求是画面印纹清晰、边牙均匀、字面光滑、脱模爽快、便于操作，这样才能既快又好地生产出糕饼。

糕饼模花纹具有一定的内容和形式，题材有人物、动物和花卉图案，有时还配以表示吉祥如意的文字。民间的糕饼模约有不下百余种的形制和纹样，婚、寿、喜、庆所用各不相同，以示祝福和吉祥，例如婚礼用的“龙凤套饼”模、做寿用的“寿糕”模、新春用的“年年有余”模及中秋用的月饼模等。糕饼模的图案，也多以文字作装饰以加强寓意，如“福”、“禄”、“寿”等。另外，多以吉祥图案为题材，有龙凤、麒麟、蝙蝠、鸳鸯、鲤鱼、寿桃、和合二仙、暗八仙和各种花果等。饼模的外环多以规则性形状的花边图案装饰，这些图案多取材于自然物，造型洗练精简，刀法刚劲有力。小小的饼模反映出了一个民族悠久而灿烂的饮食文化。在国人心目中，饮食是人生的一件大事，但绝不止吃东西这么简单。糕饼模造型的多样化、图案的丰富性表明人们对糕饼不再是仅仅满足于果腹的需求，而是追求由其带来的审美愉悦和精神享受，糕饼模体现的是百姓对生活的热爱。

---

①（南宋）周密撰．武林旧事．傅林祥注．山东友谊出版社，2001．

其次，糕饼模也体现了我国传统文化中与时相宜的原则，其中包含着对自然的尊重和热爱。根据四时变化，我国自古就有许多节日，至今仍有保留，诸如元旦、春节、上元、清明、端午、七夕、中元、中秋、重九、腊八等。传统的节日几乎都有相应的特色糕饼及其模子，具有代表性的有清明艾草糕模、端午的五毒饼模、七巧饼模、重阳糕饼模、中秋的月饼模等。以蒿蒿茧为例，它是当地春祭的礼物，祭先人、祭天地、祭春，它表现了中国人对春的感恩，寓意着对生命力圆满旺盛的渴望，表达了人们对天地赐春的感激和欣喜之情。春天分为孟春、仲春、季春三个阶段，清明时节正属季春，是春天生养之气最盛的时候，阳气发泄，生者毕出，萌者尽达，在这个时候采集清明左右才有的蒿蒿做成蒿蒿茧以作春祭，是一种顺应节气的行为。

再次，糕饼模也包含了对生命的热爱和对情谊的珍重。人的一生，从出生、成年直至老去，会经历很多重要的事情，例如结婚、祝寿，这些时候都离不开各色糕点，也成就了各种饼模。那些刻有“百年好合”、“永结同心”的字样，或者雕有鸳鸯、龙凤图案的饼模，道出了世人对婚姻美满幸福的祈愿；那些刻有“寿比南山”、“福如东海”的字样，或者雕有松鹤、寿星图案的饼模，反映了百姓对长寿健康的期许。过去制作糕饼，家中灶台堂屋就是生产车间，一家人其乐融融，是一种亲情的体现；做完后，除了自家吃用，还会提着篮子左邻右舍互相赠予，在亲友互赠过程中，又是一种友谊的增进。

由于技术的进步和现代生活方式的冲击，传统糕饼模正逐渐淡出现代人的视野。然而，一方饼模，饱含了多少热爱，那是对生活和自然的挚爱，又融注了多少感情，那是亲情、爱情和友情。它是一个时代老百姓真实生活的写照，简单却不乏味，丰富却不豪奢，平淡中隐含着无穷的乐趣。

【作业】

请同学们两人一组，任意选择一件民间日用木制品，研究其起源、发展，分析其结构、工作原理、材料工艺、文化寓意等，并在此基础上依据生活日用的实际需求再设计一件木制品。要求如下：①文本一件：文本应包含封面、目录及构思草图等，要求清晰地反映设计过程。②绘制加工图纸一套。③自备材料加工制作。

参考文献

著作：

[1] (英)克里斯·莱夫特瑞.木材.朱文秋译.上海：上海人民美术出版社，2004：07.

[2] 邬树德，李筱莉.实用木材加工技术手册.合肥：安徽科学技术出版社，2005：07.

[3] 徐望霓.家具设计基础.上海：上海人民美术出版社，2008：06.

[4] 黄见远.实用木材手册.上海：上海科学技术出版社，2012：06.

[5] （美）彼得·科恩.彼得·科恩木工基础.王来，马菲译.北京：北京科学技术出版社，2013：06.

[6] 杭间.原乡·设计.重庆：重庆大学出版社，2009：01.

[7] 王世襄.明式家具研究.北京：生活.读书.新知三联书店，2008：08.

[8] 杭间，靳埭强.包豪斯道路：历史、遗泽、世界和中国.济南：山东美术出版社，2010：04.

[9] 程能林.工业设计手册.北京：化学工业出版社，2007：07.

[10] 兰玉琪.图解产品设计模型制作.北京：中国建筑工业出版社，2007：11.

[11] 周忠龙.工业设计模型制作工艺.北京：北京理工大学出版社，2002：09.

[12] 郑建启，刘杰成.设计材料工艺学.北京：高等教育出版社，2007：09.

[13] 郑建启.材料工艺学.武汉：湖北美术出版社，2002：03.

[14] 赵玉亮.工业设计模型工艺.北京：高等教育出版社，2001：07.

[15] 杨耀.明式家具研究（第二版）.北京：中国建筑工业出版社，2002：10.

[16] 王立军.古典家具鉴赏与投资.北京：中国书店，2012：01.

[17] 杭间.中国工艺美学史.北京：人民美术出版社，2007：05.

[18] 刘文金，唐立华.当代家具设计理论研究.北京：中国林业出版社出版，2007：09.

[19] 朱小杰.朱小杰家具设计.长春：吉林美术出版社，2005：07.

[20] 邱春林.设计与文化.重庆：重庆大学出版社，2009：01.

[21] 江功南.家具生产制造工艺.北京：中国轻工业出版社，2011：06.

[22] 赵光庆.木工基本技术.北京：金盾出版社，2009：06.

[23] 顾炼百.木材加工工艺学.北京：中国林业出版社，2003：03.

[24] 王受之.世界现代设计史.北京：中国青年出版社，2002：09.

[25]（英）彭妮·斯帕克.大设计.张朵朵译.桂林：广西师范大学出版社，2012：01.

[26] 刘先觉.阿尔瓦·阿尔托.北京：中国建筑工业出版社，2010：5.

[27] 何人可.工业设计史（修订版）.北京：北京理工大学出版社，2008：08.

[28]（英）内奥米·斯汤戈 . 依姆斯夫妇 . 张帆译 . 北京：中国轻工业出版社，2002：01.

[29]（英）Chris Lefteri.Making it：设计师一定要懂的产品制造知识 . 张朕豪译 . 台北：旗标出版股份有限公司，2013：04.

[30] 江泽慧 . 世界竹藤 . 沈阳：辽宁科学技术出版社，2002：09.

[31]（美）Nathan Shedroff. 设计反思：可持续设计策略与实践 . 刘新、覃京燕译 . 北京：清华大学出版社，2011：06.

[32] 吴鹤龄 . 七巧板、九连环和华容道——中国古典益智游戏 . 北京：科学出版社，2005：10.

[33] 王连海 . 中国民间玩具简史 . 北京：北京工艺美术出版社，1997：03.

[34]（明）文震亨，屠隆撰，陈剑点校 . 长物志·考槃余事 . 杭州：浙江人民美术出版社，2011：12.

[35]（日）柳宗悦 . 工艺文化 . 徐艺乙译 . 桂林：广西师范大学出版社，2011：01.

[36] 何晓道 . 十里红妆女儿梦 . 北京：中华书局，2008：05.

[37] 范佩玲 . 十里红妆——浙东地区民间嫁妆器物研究 . 北京：文物出版社，2012：10.

[38]（南宋）周密撰，傅林祥注 . 武林旧事 . 济南：山东友谊出版社，2001：05.

[39]（日）柳宗悦 . 工艺之道 . 徐艺乙译 . 桂林：广西师范大学出版社，2011：01.

[40] 张福昌 . 中国民俗家具 . 杭州：浙江摄影出版社，2005：12.

[41] 石映照 . 木头里的东方 . 北京：新世界出版社，2006：05.

论文：

[1] 王菁菁 . 设计·责任——从莫里斯、格罗皮乌斯谈起 . 包豪斯与东方——中国制造与创新设计国际学术会议论文集 . 北京：中国美术学院出版社，2011：10.

[2] 李孙霞 . 榫卯结构在现代实木家具中的应用研究 . 中国美术学院 . 2013：05.

[3] 何大伦 . 基于榫卯结构设计理念的现代板式家具设计研究 . 中国美术学院 . 2010：05.

[4] 刘慧 . 榫卯的“蜕变” . 道生物成——第二届国际艺术设计研究生优秀作品与论文集 . 中国美术学院出版社，2012：11.

[5] 裘航 . 基于个性化定制的曲板家具设计研究 . 中国美术学院 . 2010：05.

[6] 李演 . 基于传统竹丝编织工艺的现代日用品设计实践与研究 . 中国美术学院 . 2012：05.

[7] 李祥仁 . 基于“整竹展开”新工艺的家具设计实践与研究 . 中国美术学院 . 2012：05.

[8] 李吉庆 . 新型竹集成材家具的研究 . 南京林业大学 . 2005：04.
[9] 胡敏君 . 竹子价值的设计开发 . 同济大学 . 2006：03.
[10] 杨子江 . 浅谈模块化设计在竹家具中的应用 . 中国美术学院 . 2013：05.
[11] 王爱华 . 竹 / 木质产品生命周期评价及其应用研究 . 中国林业科学研究院 . 2007：07.
[12] 余翔 . 竹集成材地板和竹重组材地板生命周期评价（LCA）比较研究 . 福建农林大学 . 2011：04.
[13] 马伟 . 热塑性天然竹纤维复合材料的制备及其性能研究 . 浙江农林学院 . 2012：05.
[14] 毕元玲 . 中国传统玩具中的造物智慧研究 . 汕头大学长江艺术与设计学院 . 2010：06.
[15] 曹静 . 基于传统红妆家具的设计实践与研究 . 中国美术学院 . 2013：05.

期刊：

[1] 江建民 . 工业设计专业的技术课程设置刍议 . 江南大学学报 (人文社会科学版)，2003：02.
[2] 邱潇潇 . 浅淡工业设计专业的材料与工艺课程教学 . 艺术与设计（理论），2009：08.
[3] 赵雷 . 木作的魅力 . 缤纷 SPACE，2011：09.
[4] 王昀，王菁菁 . 设计的重启——从包豪斯的瓦西里椅谈起 . 新美术（中国美术学院学报），2011：06.
[5] 郎丽娟，蒋雯 . 基于材料特性的产品创新设计 . 广东工业大学学报（社会科学版），2012：01.
[6] 赵云川 . 融民艺精神于现代设计之中——论柳宗理的设计思想 . 装饰，2010：02.
[7] 梁斌，周越，张博 . 再读民族化设计先驱——阿尔瓦 · 阿尔托 . 中国建筑装饰装修，2011：05.
[8] 黄德荃 . 知“竹”. 装饰，2011.
[9] 郭晓敏 . 明清竹木家具的异同 . 家具与室内装饰，2008.
[10] 张蔚，姚文斌，李文彬 . 竹纤维加工技术的研究进展 . 农业工程学报，2008.
[11] 张蔚，姚文斌，李文彬 . 裂解开纤法制备长竹纤维的研究 . 纺织学报，2010.
[12] 李延军，杜春贵，刘志坤，林勇，张宇庆 . 刨切薄竹的发展前景与生产技术 . 林产工业，2003（3）.
[13] 刘志坤，李延军，杜春贵，文桂峰，林勇 . 刨切薄竹生产工艺研究 . 浙江林学院学报，2003.
[14] 邵晓峰 .《清明上河图》与宋代市井家具研究 . 室内设计与装修，2005：07.

[15] 孔耘 . 中国民间玩具的当代价值取向 . 装饰，2005：01.
[16] 刘芳芳 . 古代妆奁探微 . 文物春秋，2011：05.
[17] 张晓娅 . 马王堆汉墓出土梳妆用具浅论 . 四川文物，2008（4）.
[18] 明娜 . 民间儿童坐具设计研究 . 艺术设计研究，2009：03.
[19] 龚勤茵 . 中国传统糕饼模文化论略 . 浙江纺织服装职业技术学院学报，2007：12.
[20] 万新华 . 糕模传神映民俗 . 新建筑，1991：04.
[21] 陈芳 . 晚明的游具设计研究—以《考槃余事》为例 . 装饰，2011：04.
[22] 武晓斐，张凌浩 . 民间马扎坐具的设计解析及新价值探讨 . 包装工程，2013：08.

报纸：

[1] 祝文宾 . 设计本土化之文化思考 . 中国包装报，2003：05.
[2] 杨键 . 无心的民艺之美 . 上海青年报，2005.
[3] 刘芳芳 . 浅析西汉多子奁盛行的原因 . 中国文物报，2010.

网站：

[1] 王受之博客：http://blog.sina.com.cn/s/indexlist_1272625993_2.html
[2] 亦谈设计——读柳宗悦《民艺论》随想：http://www.lhs-arts.org/yanjiu_view.asp?id=144